计算机类技能型理实一体化新形态系列

U0156507

Linux系统服务

及应用（微课版）

编 著 赵 凯 吕志强

清华大学出版社
北京

内 容 简 介

本书从实用角度出发，采用理论与实践相结合的方式进行编写。本书共分为 8 章，详细介绍了 Linux 系统建立、Linux 终端操作、Linux 常用服务、Linux 扩展服务、Linux 防火墙 iptables，并基于 Linux 系统介绍了 Shell 编程、MySQL 数据库应用、PHP 编程初步，将操作系统与开发环境有机融合，可以帮助读者快速熟悉 Linux 环境，以及掌握 Linux 的使用方法、服务管理方法和基于 Linux 的程序开发方法。

全书结构编排合理、实例丰富，适合作为计算机相关专业学生的学习用书或从事计算机行业人员的工具书。

图书在版编目（CIP）数据

Linux 系统服务及应用：微课版 / 赵凯，吕志强编著 . —北京：清华大学出版社，2024.5
（计算机类技能型理实一体化新形态系列）
ISBN 978-7-302-65872-6

Ⅰ.①L… Ⅱ.①赵…②吕… Ⅲ.① Linux 操作系统—高等学校—教材 Ⅳ.① TP316.85

中国国家版本馆 CIP 数据核字（2024）第 063829 号

责任编辑：张龙卿 李慧恬
封面设计：刘代书 陈昊婧
责任校对：刘 静
责任印制：沈 露

出版发行：清华大学出版社
　　网　　址：https://www.tup.com.cn，https://www.wqxuetang.com
　　地　　址：北京清华大学学研大厦 A 座　　　　邮　　编：100084
　　社 总 机：010-83470000　　　　　　　　　　邮　　购：010-62786544
　　投稿与读者服务：010-62776969, c-service@tup.tsinghua.edu.cn
　　质量反馈：010-62772015, zhiliang@tup.tsinghua.edu.cn
　　课件下载：https://www.tup.com.cn,010-83470410
印 装 者：三河市龙大印装有限公司
经　　销：全国新华书店
开　　本：185mm×260mm　　　印　　张：14.75　　　字　　数：352 千字
版　　次：2024 年 5 月第 1 版　　　　　　　　　　印　　次：2024 年 5 月第 1 次印刷
定　　价：49.00 元

产品编号：104552-01

前　言

随着网络技术的发展，网络应用已经成为人们生活和工作中的一个重要组成部分，作为开源操作系统的代表，Linux 系统的应用场景越来越广泛。Linux 系统继承了 UNIX 操作系统的强大功能和稳定性能，其遵循 GNU 通用公共许可证（GPL），任何个人和机构都可以自由地使用 Linux 的所有底层源代码，也可以自由地修改和再发布 Linux 源代码。学习 Linux 系统的使用方法，实现对 Linux 系统的有效管理，完成基于 Linux 系统的各种应用已经成为计算机相关专业学生及从事计算机行业人员必备的知识和技能。本书是编著者结合自身多年 Linux 相关课程的教学经验及带学生参加全国职业院校技能大赛的经验体会编写而成。

本书共 8 章，具体内容如下。

第 1 章为 Linux 系统建立，主要涉及虚拟机的使用、Linux 系统的启动与关闭以及网络配置等。

第 2 章为 Linux 终端操作，主要涉及基本操作命令、目录和文件管理以及用户管理等。

第 3 章为 Shell 编程，主要涉及 vi 的使用及 Linux Shell 的基本语法等。

第 4 章为 Linux 常用服务，主要涉及远程管理系统的方法、共享系统的使用、Apache 的使用及 DNS 等。

第 5 章为 MySQL 数据库应用，主要涉及 MySQL 数据库的结构和建立方法、使用方法等。

第 6 章为 PHP 编程初步，主要涉及 PHP 的语法、结构及开发方法。

第 7 章为 Linux 扩展服务，主要涉及 Linux 中的邮件、DHCP 及代理等服务。

第 8 章为 Linux 防火墙 iptables，主要涉及 Linux 中 iptables 的规则及使用方法等。

本书由赵凯编写，吕志强参与了部分章节的编写及修订工作。由于编著者水平有限，书中难免存在疏漏和不足之处，恳请广大读者批评指正。

编著者
2024 年 2 月

目　录

第1章 Linux 系统建立

- Linux 的产生与特点；
- VMware 虚拟机的使用；
- Linux 操作系统的安装；
- Linux 操作系统的启动与关闭；
- Linux 操作系统的网络配置。

1.1 Linux 简介

1.1.1 Linux 的产生与发展

Linux 产生于 1991 年，是赫尔辛基大学计算机系的芬兰学生 Linus Torvalds 在学校首先开发的，后来 Linus 又写了一些驱动程序和一个文件系统，这就是最早的 Linux 内核。当时 Linus 把这个系统放到 Internet 上并命名为 Linux，供人们下载和修改，Linux 就这样产生了。Linus 用一个小企鹅作为 Linux 的标志。

Linux 问世以后，全世界的 Linux 爱好者纷纷加入 Linux 系统的开发中，使 Linux 得到迅猛的发展。1994 年自发形成了以 Linus 为核心的领导小组，并推出了 Linux 的第一个正式版本 Linux 1.0，由于全部源代码免费发布以及品质优秀和性能稳定可靠，使 Linux 很快受到用户的欢迎。

近几年来，Linux 的发展速度令人震惊，很多著名的商业软件公司纷纷支持 Linux，将各自的软件移植到 Linux 平台上，甚至开发针对自己软件的 Linux 系统。一些著名的商业软件已经移植到了 Linux 系统上，如 Oracle、DB2 等。在服务器应用上，Linux 操作系统已占有一席之地，并成为 Windows Server 强有力的竞争对手。

1.1.2 Linux 的基本特性

Linux 是一个多任务、多用户并具有完善的内存保护和虚拟存储管理的网络操作系统，Linux 的管理和操作与 UNIX 很类似，可以认为 Linux 是 UNIX 的一个小型化分支。下面介绍 Linux 的一些特点。

多任务：计算机在同一时间内能运行多个应用程序。这对于用户最大限度地利用计算机资源是很有好处的。UNIX 是典型的多任务系统，Linux 也具有多任务能力。

多用户：多个用户能同时使用同一台计算机。Linux 是一个多用户系统，在同一时刻系统允许多个用户登录系统，共同分享计算机的所有资源。

内存保护：Linux 对应用程序使用的内存进行了完善的保护，应用软件不能访问系统分配的内存以外的内存区域，某个软件的错误最多导致它自身崩溃，而不会造成整个系统的瘫痪。Linux 系统自身有很强的生命力。

虚拟存储管理：Linux 具有虚拟存储管理机制，这种机制使系统可以运行比机器实际内存大的应用程序，并且运行程序时不必将整个程序都装入内存，只需装入需要的部分。这种机制加快了程序的运行速度。

自动的磁盘缓冲能力：Linux 将系统剩余的物理内存用作硬盘的高速缓冲，当应用程序对内存要求比较大时，它会自动地将这部分内存释放出来给应用程序使用，这对于大型程序的运行很有好处。

虚拟控制台：Linux 用户可以在控制台前登录多个虚拟控制台，使用组合键在这些虚拟控制台之间切换（默认为 Alt+F1 ～ Alt+F6，或者是 Alt+ →、Alt+ ←）。这个特性很有用，当某程序因错误使控制台被锁住时，可以切换到另外一个虚拟控制台将出错的进程杀死，以此恢复被锁住的控制台。

支持的硬件多：尽管 Linux 支持的硬件没有 Windows 多，但 Linux 是 UNIX 系统中支持硬件最多的操作系统，从硬盘驱动器、软盘驱动器、主板、显示卡，到 SCSI 卡、声卡、磁带机、光驱 / 光盘刻录机、网卡、ZIP/MO 驱动器、视频设备等。

强大的网络功能：实际上 Linux 是 UNIX 的变体，是依靠互联网迅速发展起来的，具有强大的网络功能。使用 Linux 可以构成各类服务器，如 Web 服务器、邮件服务器、文件服务器、打印服务器、远程启动服务器、新闻服务器等。

1.1.3　常用的 Linux 版本

Linux 的版本号有两个部分，分别为内核版本号与发行套件版本号，初学 Linux 的人容易将两者混淆。内核版本号是指 Linux 系统核心的版本，这个版本号由 Linux 领导的核心开发小组控制。只有内核还不能构成一个完整的操作系统，于是一些组织或公司将内核与一些应用程序包装起来以构成一个完整的操作系统，即发行套件。可见不同的公司或组织的发行套件各不相同，但可能具有同一内核版本号。

内核版本号的格式如下：

主版本号 . 次版本号 . 修正号

例如，Linux 2.6.32 的主版本号是 2，次版本号是 6，是第 32 次修正。

内核版本号还有一个规则，就是次版本号为偶数的是稳定版本，为奇数的是发展版本。所谓稳定版本，是指内核的特性已经固定，代码运行稳定可靠，不再增加新的特性，即使要改进也只是修改代码中的错误。而发展版本是指相对于上一个稳定版本增加了新的特性，还处于发展之中，代码运行可能不可靠。一般来说发行套件使用稳定版本，发展版本供用户测试用。

Red Hat Linux 是 Linux 发展过程中一个很出色的版本，在美国、加拿大、中国等地区的应用很广泛，吸引了众多使用者，使之成为最热门的 Linux 套件，据统计，Red Hat Linux 的使用者约占 67%。

Red Hat Linux 的结构严谨，支持的硬件平台多，收录的软件内容丰富、安装容易，可以轻松完成软件升级，特别是在 RHEL 5.0 以后系统增加了 yum，使系统安装更为方便。

红帽 Linux 现在有两个分支：一个是基于桌面应用的 Fedora Core Linux，另一个是基于服务器应用的 RHEL（Red Hat Enterprise Linux）。

另外 Linux 还有很多版本，如美国发行的 IBM Linux、日本的 Pacific HiTech 公司发行的 Turbo Linux、我国北京中科红旗软件技术有限公司发行的红旗 Linux 等。不同公司的 Linux 主要是在桌面图形窗口的形式和应用程序方面有些不同，其内部结构和命令基本是一样的。

1.2　VMware 的使用

VMware 是一个虚拟机软件，有适用于 Windows 的，也有适用于 Linux 的，也就是说有基于不同操作系统的 VMware，这里主要介绍基于 Windows 平台的 VMware。

在 Windows 操作系统中安装 VMware，就可以在 VMware 的管理下建立虚拟机。安装 VMware 的主机称为宿主机。

以虚拟机方式运行的 Linux 使用很方便，特别是针对 Linux 初学者创造了一个良好的实验环境。

使用虚拟机时，用户往往要在宿主机和虚拟机间进行切换，单击虚拟机的窗体可以从宿主机切换到虚拟机，用 Alt+Ctrl 组合键可以从虚拟机切换到宿主机。

1.2.1　虚拟机的安装

在 VMware 中可以创建多个虚拟机，每个虚拟机可以根据需要安装对应的操作系统，各系统之间可以通过虚拟网卡或物理网卡连接。

（1）打开 VMware 软件，如图 1-1 所示，在此界面中可以创建新的虚拟机或打开已经存在的虚拟机，也可以用于连接远程服务器。

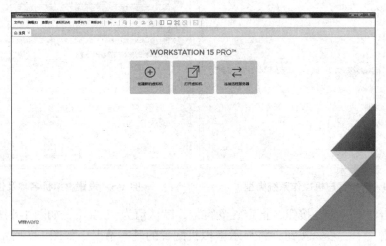

图 1-1　虚拟机的启动界面

（2）启动安装向导，通过单击"创建新的虚拟机"或选择"文件"→"新建虚拟机"命令，可以创建虚拟机系统，如图 1-2 所示。可以选择"典型"模式，也可以选择"自定义"模式，建议初学者选择"典型"模式。

（3）单击"下一步"按钮，选择安装来源，建议选中"稍后安装操作系统"单选按钮，如图 1-3 所示。

图 1-2　虚拟机创建向导

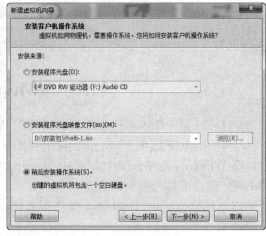

图 1-3　选择安装来源

（4）单击"下一步"按钮，选择客户机操作系统为 Linux，版本为 Red Hat Enterprise Linux 6，如图 1-4 所示。

（5）单击"下一步"按钮，为虚拟机命名并设置存放虚拟机文件的位置，如图 1-5 所示。

图 1-4　选择客户机操作系统类型

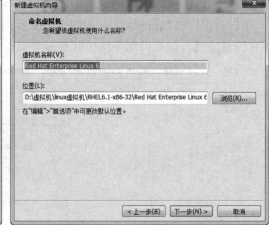

图 1-5　设置虚拟机名称及位置

（6）单击"下一步"按钮，指定磁盘容量，默认值为 20.0GB，如图 1-6 所示。

（7）单击"下一步"按钮，将显示虚拟机配置的基本情况，如图 1-7 所示，可以通过

"自定义硬件"对已经设置好的硬件进行调整。

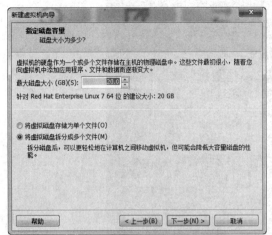

图 1-6　设置磁盘容量

图 1-7　虚拟机配置汇总

（8）单击"完成"按钮，如图 1-8 所示，此时已完成虚拟机的硬件配置。

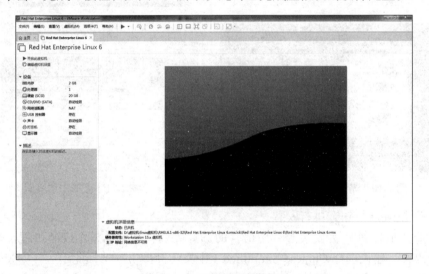

图 1-8　虚拟机配置完成界面

1.2.2　RHEL 的安装

本小节使用光盘映像文件完成 Linux 系统的安装任务，主要操作步骤如下。

（1）将光盘放入光驱或加载镜像文件，启动机器后出现如图 1-9 所示界面。

按 Enter 键，安装程序会进入光盘测试界面（见图 1-10）。光盘测试主要是测试 Red Hat Enterprise Linux 光盘的完整性，建议在安装没有使用过的光盘前最好测试一次，否则安装到一半时因光盘文件损失而退出的损失更大。如果不需要测试安装光盘，单击 Skip 按钮，跳过光盘的完整性测试，进入图形安装界面（见图 1-11）。

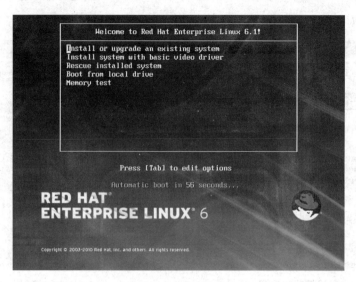

图 1-9　引导界面

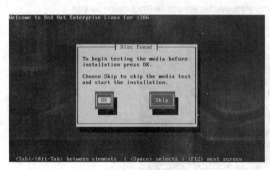

图 1-10　光盘测试界面

图 1-11　图形安装界面

（2）单击 Next 按钮，进行安装。

（3）如图 1-12 所示为安装过程中语言的选择界面，系统的整个安装过程都会采用此处所选的语言，建议选择 Chinese Simplified（中文（简体））。选择此项后，安装过程将变为中文界面，便于理解及安装任务的完成。

（4）如图 1-13 所示为键盘配置界面，建议使用标准键盘，此处选择"美国英语式"。

（5）选择存储设备。有"基本存储设备"和"指定的存储设备"两个选项，建议初学者选择第一项，如图 1-14 所示。其中，"基本存储设备"是指直接连接到本地系统中的硬盘驱动器或固定驱动器。"指定的存储设备"用于配置互联网小型计算机接口（Internet small computer system interface，iSCSI）及以太网光纤通道（fibre channel over Ethernet，FCoE），包括 SAN 交换机、直接访问存储设备（direct access storage device，DASD）、硬件 RAID 设备及多路径设备。单击"下一步"按钮后，系统会提示"Yes, discard any data"或"No, keep any data"，建议单击"Yes, discard any data"按钮，如图 1-15 所示。

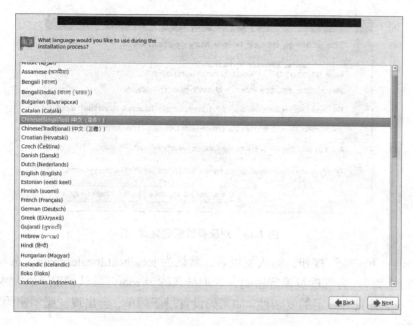

图 1-12　安装过程中语言的选择界面

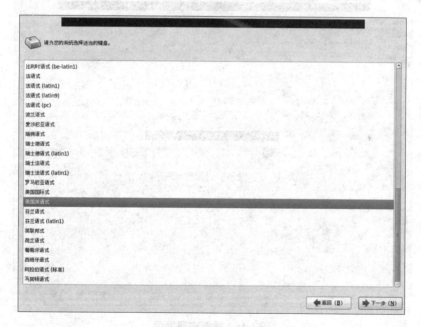

图 1-13　键盘配置界面

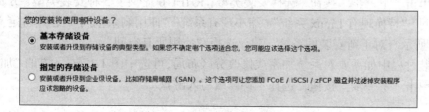

图 1-14　选择存储设备

图 1-15　对原有数据的处理

（6）单击"下一步"按钮，输入主机名，默认为 localhost.localdomain。选择时区，默认为"亚洲／上海"。为管理员设置密码，管理员名称为 root，默认情况下，要求密码长度大于或等于 6 位并具有一定的复杂性，如密码设置过于简单，会出现"脆弱密码"的提示，如图 1-16 所示。

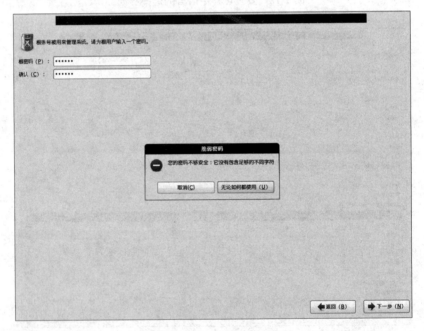

图 1-16　脆弱密码提示

（7）单击"下一步"按钮，选择安装类型，RHEL 6 提供了 5 种安装类型，分别为"使用所有空间""替换现有 Linux 系统""缩小现有系统""使用剩余空间""创建自定义布局"，如图 1-17 所示。对于新安装的系统，建议选择"使用所有空间"。

在安装过程中如需要对系统加密或修改分区布局，可选中图 1-17 左下方的"加密系统"复选框。单击"下一步"按钮，选择"将修改写入磁盘"。

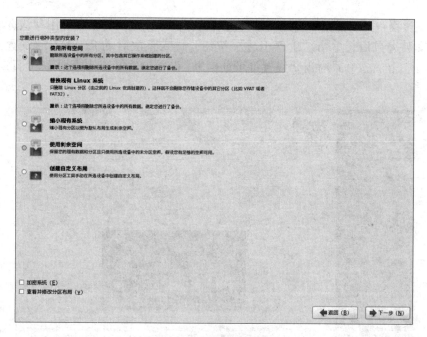

图 1-17　选择安装类型

（8）单击"下一步"按钮，安装服务器组件，RHEL 6 提供了 8 种可供安装的软件组，分别为"基本服务器""数据库服务器""万维网服务器""企业级身份识别服务器基础""虚拟主机""桌面""软件开发工作站""最小"，其中"基本服务器"为默认安装选项，此选项中不包括桌面系统。如希望安装带有图形界面的服务器，建议选择"桌面"选项，如图 1-18 所示。

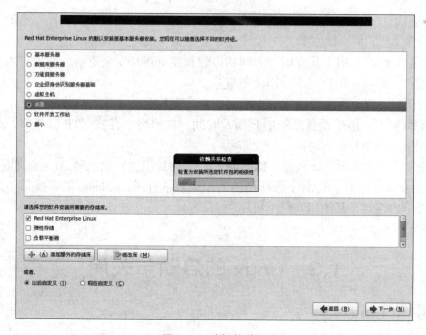

图 1-18　选择软件组

在安装过程中可以根据需要选择软件安装的存储库，建议初学者使用默认选项。

（9）安装完成后，单击"重新引导"按钮，进入首次启动 RIIEL 6 的设置界面，如图 1-19 所示。在首次登录时需要设置许可证信息、设置软件更新、创建用户、日期和时间、Kdump。

图 1-19　首次启动系统的设置界面

具体说明如下。

"许可证信息"：使用 REHL 系统时所需要遵守的内容。此处必须选择"是的，我同意许可证协议"，才能进一步安装。

"设置软件更新"：用于从红帽官方网站接收软件更新及安全更新。此项目需要支付一定的服务费用，非商业用户可不使用此项服务。

"创建用户"：用于为系统创建一个常规（非管理）用户。

"日期和时间"：用于设置系统的日期及时间，如网络中存在 NTP 服务器，此处也可选中"在网络上同步日期和时间"。

Kdump：主要用来做灾难恢复。Kdump 是一个内核崩溃转储机制，在系统崩溃的时候，Kdump 将捕获系统信息，这对于诊断崩溃的原因非常有用，Kdump 需要预留一部分系统内存，这部分内存对于其他用户是不可用的。

1.3　Linux 的启动与关闭

1.3.1　引导 Linux

Linux 的引导方式有两种：一种是 LILO（Linux loader）方式；另一种是 GRUB 方式。

前者是传统 Linux 引导程序,后者是图形方式的引导程序。新的版本默认选择 GRUB 方式。引导方式是在安装 Linux 时确定的。

　　GRUB 是一个多重启动管理器。GRUB 是 grand unified bootloader 的缩写，它可以在多个操作系统共存时选择引导哪个系统。它可以引导的操作系统包括 Linux、FreeBSD、Solaris、NetBSD、Windows 95/98、Windows 2000 等。它可以载入操作系统的内核和初始化操作系统（如 Linux、FreeBSD），或者把引导权交给操作系统（如 Windows 2000）。GRUB 可以代替 LILO 来完成对 Linux 的引导，特别适用于 Linux 与其他操作系统共存的情况。GRUB 不仅支持 640×480、800×600、1024×768 像素等多种模式的开机画面，而且可以自动侦测和选择最佳模式。GRUB 使用一个菜单来选择不同的系统进行引导，可以自己配置各种参数，如延迟时间、默认操作系统等。GRUB 的引导界面如图 1-20 所示。

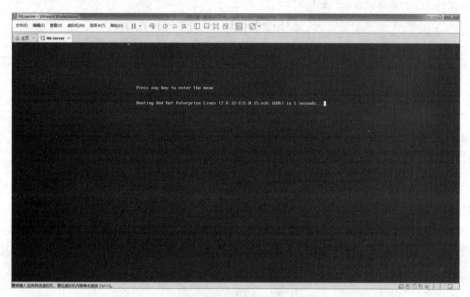

图 1-20　GRUB 的引导界面

在此界面下，执行以下命令可对菜单进行编辑。

（1）Enter：引导操作系统。

（2）e：在引导系统前编辑菜单项。

（3）a：在引导系统前修改内核参数。

（4）c：添加一个命令行。

GRUB 的配置文件为 /boot/grub/grub.conf，为了便于操作，系统提供了与其对应的链接文件，存于 /etc 目录下，grub.conf 文件的内容如下。

```
# grub.conf generated by anaconda
# Note that you do not have to rerun grub after making changes to this file
# NOTICE:  You have a /boot partition.  This means that
#          all kernel and initrd paths are relative to /boot/, eg.
#          root (hd0,0)
#          kernel /vmlinuz-version ro root=/dev/mapper/VolGroup-lv_root
```

```
#          initrd /initrd-[generic-]version.img
#boot=/dev/sda
default=0
timeout=5
splashimage=(hd0,0)/grub/splash.xpm.gz
hiddenmenu
title Red Hat Enterprise Linux (2.6.32-131.0.15.el6.i686)
root (hd0,0)
    kernel /vmlinuz-2.6.32-131.0.15.el6.i686 ro root=/dev/mapper/
VolGroup-lv_rootrd_LVM_LV=VolGroup/lv_rootrd_LVM_LV=VolGroup/lv_swaprd_
NO_LUKSrd_NO_MDrd_NO_DM LANG=zh_CN.UTF-8 KEYBOARDTYPE=pc KEYTABLE=us
crashkernel=auto rhgb quiet
    initrd /initramfs-2.6.32-131.0.15.el6.i686.img
```

【注意】 以 # 开头的内容为注释，系统的默认启动时间为 5s。

1.3.2　root 口令的恢复

如果丢失或忘记 Linux 操作系统的超级用户 root 的口令，可以通过单用户方式进行修改。引导方式不同，进入单用户模式的方式也不同。

1. LILO 引导方式的口令恢复

对于使用 LILO 引导器的情况，在启动 Linux 时会出现 "LILO boot:"，此时有一个短暂的停留，这时若按 Enter 键则正常进入 Linux 的多用户模式；若按 Ctrl+x 组合键，则会出现 "boot:" 提示符，在 "boot:" 下输入 linux 1 或 linux single，则进入单用户模式。即

```
boot:linux 1
#
```

其中，# 是 root 用户的提示符，这时进入了单用户模式，单用户模式下一般不设口令，用于系统维护。输入命令：

```
#passwd
```

按 Enter 键，提示输入新的口令，然后用 reboot 命令重启。即

```
New password:
#reboot
```

2. GRUB 引导方式的口令恢复

对于采用 GRUB 图形引导器的情况，引导系统时出现引导菜单：

```
Red Hat Linux(2.4.18-3)
DOS
```

将光标移动到 Red Hat Linux 处，按 e 键进入编辑状态，出现：

```
root (hd0,1)
kernel /boot/vmlinuz-2.4.18-3 ro root=/dev/hda2
/boot/initrd-2.4.18-3.img
```

将光标移动到中间一行（ro 表示 readonly），按 e 键后，进入这一行的编辑状态，在最后加 single，按 Enter 键返回上一级菜单。

按 b 键则引导进入单用户模式。引导完成后出现单用户状态提示符：

```
sh-2.05a#
```

输入 passwd 命令：

```
sh-2.05a#passwd
New password:
```

其中，sh-2.05a#是 root 用户提示符，passwd 是修改口令的命令，"New password:"是提示。

3. 单用户模式的口令

单用户模式一般不设置口令，如果要设置单用户的进入口令，要修改 /ect/lilo.conf 文件，在文件后添加以下两行：

```
restricted                   #  受限制的
Password=123456
```

重新执行：

```
/sbin/lilo -v               #  让口令生效
chmod 600 /etc/lilo.conf    #  设置属主可读写，即 "rw:110 000 000"
```

1.3.3　用户登录

系统正常启动时默认为多用户方式，要求输入用户名和口令，例如：

```
login:root
password:123456
```

口令验证通过以后，提示符是 #，如果是一般用户则提示符是 $。例如：

```
[root@Localhost root] #
```

表示超级用户在登录，括号中含义为［用户 @ 主机 当前目录］。

用户登录命令：

```
[root@Localhost root] #  login
```

系统登录脚本：

```
/etc/profile
```

用户登录脚本：

```
~/.bash_profile, ~/.bash_login, ~/.profile
```

其中，"~"表示用户目录。

用户退出命令：

```
[root@Localhost root] # logout
```

用户退出时执行 ~/.bash_logout 文件。

su 是切换用户命令，例如：

```
[root@Localhost root] # su u1
```

如果在切换用户时不执行用户配置文件，保持自己的环境变量，则使用命令：

```
[root@Localhost root] # su -u1
```

【注意】 所谓用户配置文件，是指用户登录时要执行的程序，这些程序在用户家目录中，是隐藏的，用 ls -a 命令才可以看到。

Linux 有 6 个基于命令行的虚拟控制台，每个控制台允许一个用户登录，所以一个 Linux 同时可以有 6 个用户在登录，使用 Alt+F1~Alt+F6 组合键或 Alt+ →、Alt+ ←，可以切换到不同的字符控制台，在字符方式下输入 startx 则进入图形界面。

切换到 X-Window，要求按 Ctrl+Alt+F7 组合键。

切换到命令行状态，要求按 Ctrl+Alt+F1~Ctrl+Alt+F6 组合键。

改变开机启动方式，可以修改初始化协议文件：/etc/inittab。文件中 "id:5" 表示引导窗口方式，"id:3" 表示用命令行方式启动。

在命令行状态下输入 startx，应该进入 X-Window 模式。如果有些机器不能进入图形界面，可能与驱动程序或分辨率有关，请做实验安装 Vmtools 或修改显示配置文件参数，例如：

```
vi /etc/X11/xorg.conf
```

将 "screen:" 下的 16 改为 24。

1.3.4 系统重启与关闭

1. 重启系统的方式

（1）立即重启 Linux 系统：

```
[root@Localhost root] # reboot
[root@Localhost root] # shutdown -r now
```

（2）在 20 分钟后重新启动计算机，并向所有用户发送 Reboot for system test 信息。

```
[root@Localhost root] # shutdown -r +20 "Reboot for system test"
```

2. 关闭系统的方式

（1）立即关闭计算机：

```
[root@Localhost root] # init 0
```

```
[root@Localhost root] #  poweroff
[root@Localhost root] #  shutdown -h now
```

（2）在 12:00 关闭计算机：

```
[root@Localhost root] #  shutdown -h 12:00
```

1.4　Linux 网络配置

Linux 网络配置包括主机名的配置、网卡的安装、协议管理、IP 地址的建立等，要了解一些相关文件的作用和位置，如 /etc/hosts、/etc/networks、/etc/protocols、/etc/servers、/etc/inetd.conf、ifcfg-eth0 等。

显示文件内容可用 cat 命令：

```
cat 文件名
```

修改文件内容可用 vi 命令：

```
vi 文件名
```

1. /etc/hosts 文件

该文件提供了主机名与 IP 地址之间的转换，当以主机名访问一台主机时，系统会检查 /etc/hosts 文件，根据文件将主机名转换为 IP 地址，文件的格式如下：

```
IP 地址                   主机名全称               别名
# Do not remove the following line, or various programs that require
  network functionality will fail.
127.0.0.1                localhost.localdomain    localhost
100.65.1.25              li25.localdomain         myLinux
```

【注意】 hosts 文件只对本机操作有效，它是主机名与 IP 地址间的对应关系。

例如，在本机中，ping myLinux 可以解析为 100.65.1.25。在外部，ping myLinux 是无效的。

nslookup 或 host 命令是针对 DNS（domain name system, 域名系统）的，不能解析 hosts 的定义，如 host myLinux 是无效的。

与 /etc/hosts 文件相关的文件有：/etc/host.conf，规定域名搜索顺序；/etc/hosts.allow，指定允许登录的机器；/etc/hosts.deny，指定禁止登录的机器。

2. /etc/sysconfig/network 文件

该文件提供了相关的网络信息，参考内容如下：

```
NETWORKING=yes
HOSTNAME="myLinux"
GATEWAY=100.65.0.1
```

要更改主机名，可以修改这个文件，然后重新启动 reboot。

```
vi /etc/sysconfig/network
```

也可以用 netconf 或 hostname 命令：

```
hostname <hostname>
```

修改后，用 logout 命令重新登录，在命令提示符出现。

3. /etc/ethers 文件

在以太局域网中，如果使用 TCP/IP，在两台计算机进行通信时，要将 IP 地址转换成网卡的 MAC 地址，这个转换是由地址解析协议（address resolution protocol, ARP）实现的，也可以通过 /etc/ethers 文件实现。这个文件分两列，分别为 MAC 地址和主机名。

4. etc/protocols 文件

该文件提供一个 TCP/IP 子系统支持的协议列表，文件的每一行描述一个协议，包括协议名、协议编号、协议别名和注释。

5. /etc/services 文件

文件的每一行提供一个服务名，提供的信息如下（部分内容）：

```
服务名称              端口号 / 协议名         别名             注释
ftp-data             20/tcp               fsp
ftp                  21/tcp
telnet               23/tcp
smtp                 25/tcp               mail
tftp                 69/udp
http                 80/tcp               www          #  WorldWideWeb HTTP
pop3                 110/tcp              pop-3        #  POP version 3
netbios-ssn          139/tcp              NETBIOS Session Service (smb)
SMB（服务消息块）      445/tcp
安全 Web 访问          443/tcp
```

6. /etc/sysconfig/network-scripts/ifcfg-eth0 文件

ifcfg-eth0 是网卡配置文件，保存了网络的配置信息。下面是文件的参考内容：

```
DEVICE=eth0
ONBOOT=yes
BOOTPROTO=static
IPADDR=100.65.1.25
NETMASK=255.255.255.0
GATEWAY=100.65.0.1
```

文件中指定了 IP 地址、子网掩码、网关等主要参数，这个文件是通过 netconfig 命令建立的。如果将这个文件直接复制到指定目录中，就等于设置好了 IP 地址。

eth0:1：对应第 1 个网卡的第 2 个 IP 地址。

eth0:2：对应第 1 个网卡的第 3 个 IP 地址。

eth1：对应第 2 个网卡的第 1 个 IP 地址。

eth1:1：对应第 2 个网卡的第 2 个 IP 地址。

以文件形式建立的 IP 地址称为静态 IP 地址。计算机在启动时要查这些文件，如果查到则 IP 地址生效。

在启动计算机以后，既可以通过 ifconfig 命令查看网络配置，也可以建立新的 IP 地址，这种 IP 地址称为动态 IP 地址。

需要说明的是，网络正常工作需要有正确的网卡驱动程序，系统中一般已安装常见的网卡，但可能没安装新网卡的驱动，需要从外部安装。下面以安装 LX530 网卡驱动为例进行介绍：

```
#tar xf Linux530_321.tar
#vi Makefile                    # 将 Linux 改为 Linux 2.4
#make
#cp via-rhine.o /lib/modules/2.4.2-2/kernel/drivers/net/
#/etc/rc.d/init.d/network restart
```

如果保存了 via-rhine.o 文件，安装时可以直接复制到指定目录中。

7. ifconfig 接口配置命令

该命令既可以查看系统的网络参数，也可以增加新的 IP 地址。命令格式如下：

```
ifconfig [interface] [type options|address]
```

其中，选项 interface 是网络设备名，可以是 eth0 或 eth1 或 lo（回路设备）。选项 type 的说明如下。

- up：打开网络接口设备。
- down：关闭网络接口设备。
- netmask：设置子网掩码。
- broadcast：设置广播地址。
- ifconfig 命令使用方法如下。

显示所有网络接口：

```
ifconfig
```

显示 eth0 的配置参数：

```
ifconfig eth0
```

显示网卡的 MAC 地址：

```
ifconfig|grep Ehternet
```

修改 eth0 的 IP 地址：

```
ifconfig eth0 100.65.1.222
```

设置 eth0 的网络掩码和广播地址：

```
ifconfig eth0 netmask 255.255.255.0 broadcast 100.65.1.255
```

增加 1 个 IP 地址 100.65.1.250，掩码为 255.255.255.0：

```
ifconfig eth0:1 100.65.1.49 netmask 255.255.255.0
```

关闭网卡：

```
ifconfig eth0 down
```

如果想在开机时就建立这个 IP 地址，可以将这条命令加入开机启动文件中，即

```
echo "ifconfig eth0:1 100.65.1.49 netmask 255.255.255.0">>/etc/rc.d/
rc.local
```

利用此方法可以在开机时建立多个 IP 地址。

用 RPM（Red Hat package manager）包安装的程序的位置是由 Red Hat 系统设计的。既可以通过 ntsysv 设置启动服务程序，也可以手动执行相应服务的守护程序，或将运行命令加入启动文件 /etc/rc.d/rc.local 中。

如果采用外加的 ".tar" 包，则安装在指定的目录中，一般是 /var/local/ 。

8. route 网关设置命令

设置网关：

```
#route add default gw 100.65.0.2
```

或

```
#route add 0.0.0.0 gateway 100.65.0.2
```

删除网关：

```
#route del default gw 100.65.0.2
```

或

```
#route del 0.0.0.0 gateway 100.65.0.2
```

查看网关：

```
#route
```

让网络配置生效：

```
service network restart
```

或

```
ifup eth0
/etc/rc.d/init.d/network restart
```

如果网卡的 MAC 地址不对，可以通过 ifconfig 命令进行校对，再修改 ifcfg-eth0 中的

MAC 地址。可以使用命令：

```
cd /etc/sysconfig/network-scripts/
ifconfig|grep Ehternet>>ifcfg-eth0
vi ifcfg-eth0
```

本 章 小 结

本章介绍了 Linux 的产生与发展过程及其特点。虚拟机 VMware 是一个学习 Linux 的很好的工具软件，本章讲解了 VMware 的功能和使用方法，详细描述了在 VMware 中安装 Linux 的全过程。

Linux 安装以后，首先要进行主机名、IP 地址等网络参数的配置，保证系统不与其他设备发生冲突，修改文件分别为 /etc/hosts、/etc/sysconfig/network、/etc/syscnfig/network-scripts/ifcfg-eth0。

Linux 网络参数有三种修改方式：一种是通过命令行操作；另一种是使用图形界面设置；还有一种是直接修改配置文件。所以掌握文件的位置是很重要的。

本章还介绍了 root 口令恢复的操作。在系统启动时，按 Ctrl+X 组合键进入单用户模式，通过 passwd 命令修改口令，网络管理员应该掌握这一操作。

习　　题

一、简答题

1. 说明 Linux 的特点和常用版本。

2. 什么是宿主机？什么是虚拟机？虚拟机内存设置的原则是什么？

3. 如何在 Linux 虚拟机中设置虚拟光盘？

4. 如何在命令行状态下启动 X-Window?

5. 怎样设置 Linux 虚拟机使其启动后直接工作在命令行模式下？

6. 当 root 密码丢失时，如何修改 root 的密码？

二、操作题

1. 以虚拟机的方式安装 Red Hat Linux。

2. 设 n 是学生机编号，配置 Linux 主机名为 Linux n，IP 地址为 192.168.1.n。

第2章 Linux 终端操作

- Linux 目录结构与文件；
- Linux 目录和文件操作命令；
- Linux 用户管理常用命令；
- Linux 系统管理常用命令。

2.1 Linux 终端操作基础

2.1.1 Linux 文件及操作符

Linux 中的目录与 DOS 目录有相似之处，在 DOS 下目录之间的分隔符是"\"，在 Linux 下为"/"。

Linux 中的目录名和文件名有大小写之别。在 DOS 中的可执行文件与扩展名有关系；而在 Linux 中的可执行文件与扩展名无关，由权限决定，只要有执行权就可以执行。

通配符：Linux 与 DOS 中的文件名类似，允许使用通配符（?、*、[]）代表部分文件名。不同的是，*conf* 可以表示含有 conf 的字符串。[] 代表在一个范围内的单个字符，如 File.[1-2，5] 表示 File.1、File.2、File.5。

管道：将一个程序的执行输出结果作为另一个程序的输入。例如，分屏查看目录内容为 ls /usr/bin|more。

文件重定向输入 / 输出：Linux 把键盘输入与名为 stdin 的文件相联系，把终端输出和名为 stdout 的文件相联系。可以重新定向输入 / 输出，Linux 中的重定向符号有以下几个。

<：输入从键盘改向到文件。可以将键盘上要输入的内容先写入一个文件。例如：

登录 MySQL，并显示数据库：

```
#mysql -p mysql <db.txt
```

-p 后的 mysql 是登录 MySQL 的口令。

设 db.txt 的内容为"show databases;"，也可以是其他库或表操作语句。

>：输出从屏幕改向到文件，如 dir > dir.txt。

>>：输出改向到文件并追加，如 ls >> dir.txt。

输入 / 输出设备在实际中常用到：0 表示标准输入（键盘）；1 表示标准输出（屏幕）；

2 表示错误信息。

例如：

```
command 1>/dev/null 2>error.txt
```

其中，"1>"表示将正常信息送出，/dev/null 表示丢弃，"2>"表示将错误信息送到指定文件。

如果将标准输出和标准错误输出一起改向到输出，可用到 2>&1。

用 Shift+PageUp 和 Shift+PageDown 组合键可以查看终端操作历史，即屏幕翻页。

方向键可以调出曾经执行过的命令，这一功能在调试服务时很方便。

2.1.2　Linux 目录结构

安装完 Linux 后，以"/"为根目录，所有的文件夹及文件都挂载在根目录下，不同 Linux 版本的根目录下的子目录及文件略有差别，但基本的目录结构是类似的。不同的目录被定义了不同的功能，如系统中的设备（如硬盘、光驱、软驱、U 盘、网络磁盘等）会被存放于 /dev 目录中，图 2-1 中列出了部分常见的重要目录及文件，实线方框表示目录，直接写出的字词表示文件。

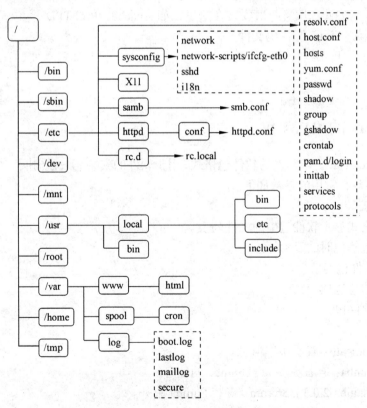

图 2-1　Red Hat 目录树结构

在根目录中常见的目录及分类存放的文件如下。

/bin: binary：存放常用的命令，如 ls、cp、cat 等。

/sbin:super：系统命令目录，用于系统调用，一般为二进制可执行文件，普通用户无权使用。

/etc：配置文件和各种系统服务的启动文件，如 passwd、group 等。

/lib：存放共享库文件和可动态加载的核心文件。

/dev：设备文件，如 fd0、sda、mem、cdrom、lp 等。

/tmp：临时文件，启动后运行的程序一般为 /var/tmp。

/boot：操作系统启动时的核心文件，如 LILO 使用的文件。

/mnt：可装载文件系统的安装点，可根据需要创建。

/home：普通用户的目录。

/root：超级用户的用户目录。

/proc：在内存中的虚拟文件，不占用磁盘空间，反映了系统进程的运行情况。

/var：包含一些经常改变的文件，如脱机（spool）目录、文件日志等。

/usr：包含命令、库文件、文档和一般操作不会修改的文件，占用空间大。

/usr/bin：存放应用程序。

/usr/sbin：存放管理员使用的程序。

/usr/local：后安装的服务一般安装在这里，如 Apache、ProFTPD 等。

/usr/src：存放 Linux 源代码文件。

了解 Linux 的目录结构和文件位置对于学习 Linux 来讲是非常重要的，也是最基本的要求。

2.1.3 Linux 的 RPM 包

RPM 是 Red Hat 公司开发的软件包格式，用于软件的安装、升级、删除、查询和管理等。RPM 有很多参数，常用的参数如下。

-U：升级安装。

-v：以长格式显示软件包中的文件列表。

-h：软件包解包时的显示标志。

-i：显示软件包的信息。

-q：查看信息选项。

-e：卸载软件包。

举例如下。

Rpm -qa tomcat6：查看版本信息。

Rpm -qi samba：查看更多关于 Samba 的信息。

Rpm -ivh samba-2.0.3.i386.rpm：安装 Samba 服务。

Rpm -e samba：卸载 Samba 软件包。

要不安装但是获取 RPM 包中的文件，可使用工具 rpm2cpio 和 cpio，例如：

```
rpm2cpio xxx.rpm | cpio -vi
rpm2cpio xxx.rpm | cpio -ivdm
rpm2cpio xxx.rpm | cpio --extract --make-directories
```

参数说明如下。

i：和 extract 相同，表示提取文件。

v：表示指示执行进程。

d：和 make-directory 相同，表示根据包中文件原来的路径建立目录。

m：表示保持文件的更新时间。

要了解更多的使用方法，可用 man rpm 命令获得帮助。man 是帮助命令程序。

2.1.4　Linux 的 tar 包

1. tar 命令

tar 是一个打包程序，其命令格式如下：

```
tar[ 选项 ] 归档文件 文件或目录
```

选项说明如下。

-c：建立新的归档文件，打包文件或目录。

-v：输出打包信息。

-f：文件或设备，必选此项。

-t：列出档案文件的内容，查看打包了哪些文件。

-z：用 gzip 压缩 / 解压缩文件，打包时选此参数，解包时也要有此参数。

-x：还原或解包操作。

例如，以下代码将 /home/www 目录打包，生成文件名为 www.tar。

```
tar -cvf www.tar /home/www
```

还原操作：

```
tar -xvf www.tar
```

再如，以下代码将 /home/www 目录打包并压缩，生成文件名为 www.tar.gz。

```
tar -cvzf www.tar.gz /home/www
```

还原操作：

```
tar -xvzf www.tar.gz
```

2. gzip 命令

gzip 命令格式如下：

```
gzip [ 选项 ] 文件名
```

gzip 是一个常用的压缩工具，可用它对文件进行压缩和解压缩，当要压缩的文件只有一个时，可以直接用 gzip 进行压缩。

选项说明如下。

-c: 将压缩结果写入标准输出，源文件保持不变。默认将源文件压缩为 .gz 文件，并删除源文件。

-v: 输出处理信息。

-d: 解压缩指定文件。

-t: 测试压缩文件的完整性。

例如，压缩操作：

```
gzip www.tar                          #  生成压缩文件 www.tar.gz,并删除 www.tar
```

解压操作：

```
gzip -d www.tar.gz                    #  生成源文件 www.tar,并删除 www.tar.gz
```

如果想保留文件原名，可使用 -c 参数，举例如下。

压缩操作：

```
gzip -c www.tar> www.tar.gz           #  生成压缩文件 www.tar.gz,不删除 www.tar
```

解压操作：

```
gzip -dc www.tar.gz > www.tar         #  生成源文件 www.tar,不删除 www.tar.gz
```

再如，虚拟机的备份、源文件 IMG 可以得到较高的压缩比，压缩操作：

```
gzip -c win1.img
```

解压操作：

```
gzip -dc win1.img.gz
```

3. unzip 命令

如何在 Linux 系统下展开用 Windows 下的压缩软件 winzip 压缩的文件？可以用 unzip 命令，该命令用于解压扩展名为 .zip 的压缩文件。

Unzip 命令格式如下：

```
unzip [选项] 压缩文件名 .zip
```

选项说明如下。

-x 文件列表: 解压缩文件，但不包括指定的 file 文件。

-v: 查看压缩文件目录，但不解压。

-t: 测试文件有无损坏，但不解压。

-d 目录: 把压缩文件解压到指定目录下。

-z: 只显示压缩文件的注解。

-n: 不覆盖已经存在的文件。

-o: 覆盖已存在的文件且不要求用户确认。

例如，将 oracle 压缩包解压：

```
uzip Linux.86_11gR1_database.ziq
```

2.2　目录和文件操作命令

1. 查看目录命令

ls 命令类似于 DOS 中的 dir，但比 dir 功能强大，常见的一个不同点是用 ls 查看目录时能按文件、目录或权限显示不同的颜色。

ls 命令格式如下：

```
ls ［选项］［目录名］
```

ls 常用的参数如下。

-d: dir：列出目录。

-a: all：列出全部内容，包括隐含文件。

-R：列出目录和子目录中的所有文件。

-l: long：按长格式显示，要输入详细的目录信息，包括权限、属主、日期等。

举例如下。

ls：以不同颜色类型且按顺序每行显示多个文件。

ls -a：显示所有文件。

ls -l：显示文件的完整资料（类似于 vdir），简写为 ll。

ls -lh：以方便读的方式显示文件。

ls -Rd /home：显示 home 目录树。

当用 ls -l 显示详细资料时，显示内容格式如下：

```
drwxrwxrwx 3 root root 1024 May 7 8:30 aaa
-rw-rw-rw- 1 u1  uu  1861 Sep 5 9:00 bbb
```

第一列中第一个字符表示文件类型，其中 d 代表目录，- 代表普通文件，1 表示符号链接。后面 9 个字符 rwxrwxrwx 中 r 代表读，w 代表写，x 代表可执行，分成三组 rwx，分别为属主（user）、同组（group）和其他（other）用户权限。如果没有某项权限则用"-"替代，如 rwxr-x--- 表示属主有全权，同组成员有读和执行权但没有写权，其他用户没有任何权限。这一权限也可以用数字表示为 7 5 0。

第二列表示目录数，如果是文件，其值为 1；如果是空目录，其值为 2；如果在子目录中再建一个目录，其值为 3。

再往后分别为：属主，属组，文件大小，月、日、时间以及文件名。

2. 帮助命令

Linux 的命令有很多，参数和功能也有很多，要记忆所有的命令及用法是很难的，即便是一个 Linux 高手，也常常需要使用帮助。man 命令可以提供帮助，格式如下：

```
man ［参数］命令名
```

参数说明如下。

-M 路径：指定 man 搜索，存放在线帮助文件的路径，如果没指定则由环境变量 MANPATH 指定，否则由配置文件定义。

-P 页程序：指定用来显示帮助信息的程序，默认为 /usr/bin/less。

-S 手册章节：选择手册的章节，如 man -S book 1。

-k 关键字：查询包括该关键字的所有帮助文档，如"man -k 关键字"。

-f 关键字：在所有的帮助信息中查找关键词所在的页，并显示出来。

例如，man ls 可以显示 ls 命令的使用说明，在显示中有以下字词开头的一些段落，其含义如下：

```
NAME            #  命令名称
SYNOPSIS        #  命令使用格式
DESCRIPTION     #  命令描述和参数的解释
OPTION          #  可选项及其描述
FILE            #  命令用到的文件清单及存放的位置
SEE ALSO        #  相互联系的使用手册页的清单
REPORTING BUGS  #  反馈编程漏洞
AUTHOR          #  程序作者和维护人员
```

man 命令的配置文件是 /etc/man.config，帮助文件一般在 /usr/doc 下，当然也可以直接去看帮助文件，实际上 man 是调用 less 作为显示命令的，所以在帮助页面支持如下组合键。

q：退出 man。

Enter 键：一行行地向下查看。

Backspace 键：一页页地向下查看。

b：向前翻一页。

/string：查找指定的字符串。

n：查找下一个字符串。

另外要获得命令的帮助，还有一种形式，那就是在命令后加上 --help 参数，可显示简要的参考信息，例如：

```
ls --help
```

3. 显示文件内容命令

less filename 将 filename 的内容显示在屏幕上，该命令不是在全部读入文件后才显示，而是一边读入一边显示，所以在显示大文件时的显示速度比 vi 编辑器快。

more +/string /etc/passwd 显示文件 /etc/passwd，并搜寻字符串 string，more 命令与 less 命令类似，为按页查看文件的过滤器。ll |more 分页显示目录内容。

cat filename：将 filename 内容显示在屏幕上。

cat -n /tmp/map |more：分页显示 map 文件的内容，-n 参数表示加上行号。

cat a1 a2：将多个文件的内容显示在屏幕上。

cat a1 a2 > a12：将文件 a1 与 a2 合并为 a12。

cat a1>>a2：将 a1 追加到 a2 的后边。

head -6 a2：显示文件前 6 行的信息。

tail -6 a2：显示文件尾 6 行的信息。

tail -f messages：显示系统信息，用于调试，按 Ctrl+C 组合键退出。

4. 移动或改名命令

在同一个目录内移动就等于改名。

mv 命令可以移动目录或文件，格式如下：

```
mv［可选项］源目录或文件  目标目录或文件
```

类似于 DOS 的 move 命令，可选项说明如下。

-f：强制覆盖已有的文件。

-i：在覆盖已有的文件以前给出提示，即 Y/N，要求确认。

-u：在目标文件的时间比原来文件新时不覆盖目标文件。

-v：在移动每个文件时输出响应信息。

-b：当已存在目标文件时，在覆盖之前对目标文件进行备份。

例如，将 a1 改名为 a2 的命令：

```
mv -v a1 a2
```

5. 复制命令

cp 命令可以复制文件，格式如下：

```
cp［可选项］源文件  目标文件
```

类似于 DOS 的 copy 命令，可选项说明如下。

-a：包含子目录保留所有的信息，如链接、日期（等效于 dpr 组合）。

-d：保留文件的链接，即不丢失链接文件。

-p：不改变文件的修改时间和日期。

-r：将指定目录下的子目录和文件一同复制。

-v：输出操作报告。

-b：如果目标文件存在，在复制时选备份。

-f：不管目标文件是否存在，强制复制。

-i：复制文件时要求用户确认。

（1）复制整个 linux 目录：

```
cp linux lx -rf
```

（2）将 /mnt/linux/ 目录下所有文件及子目录复制到 /tmp：

```
cp /mnt/c/linux/* /tmp -rf        #  如 /tmp 目录下已存在同名文件，则提示是否覆盖
```

6. 删除命令

rm 命令可以删除文件或目录，格式如下：

```
rm 文件名 参数
```

常见参数说明如下。

-i：文件删除时要求确认。

-r：删除整个目录，包括目录中的内容和子目录。

-f：强制删除，不用确认。

例如，无条件删除 /home/www/ 整个目录：

```
rm /home/www -rf
```

7. 目录的建立、删除、显示、进入命令

mkdir 命令可建立一个空目录，例如：

```
mkdir /home/www
```

rmdir 命令可删除一个空目录，例如：

```
rmdir /home/www
```

pwd 命令可显示当前路径，例如：

```
pwd
```

cd 命令表示进入目录，例如：

```
cd /home
```

返回用户家目录：

```
cd
```

或

```
cd ~
```

返回上次操作目录：

```
cd -        # 调试服务时用此命令很方便
```

8. 链接文件或目录命令

链接分为硬链接和软链接，其中，硬链接用于文件操作，软链接用于目录操作。

硬链接是给一个文件再指定一个名字，相当于给指定文件指定别名，即一个文件有多个名称，实现不同目录之间文件的共享。

例如，设已有一个文件 f1，现将 f2 链接到 f1，可以使用如下命令：

```
ln f1 f2
```

这时 f1 和 f2 指向的是一个文件。当修改 f1 文件时，你会发现 f2 也变了：

```
ll -link
```

或

```
ls -li
```

可以看到 f1 和 f2 的文件 ID 号是一样的，说明实际是同一个文件空间。

符号链接一般用于目录操作，解决了硬链接不能实现的目录和不同文件系统的链接问题。当在符号链接中删除源文件时，则符号链接也不可用。例如：

```
ln -s /mnt/li /aaa
```

这时在根目录多了一个 /aaa 目录，它是 /mnt/li 目录的一个符号连接，对 /aaa 中文件的操作就等于对 /mnt/li 中文件的操作（不用先建 /aaa 目录）。

不用这个软连接时，可以删除：

```
rm /aaa -rf
```

9. 查找文件或目录命令

find 命令可以查找文件或目录，格式如下：

```
find 目录 [选项或表达式]
```

选项说明如下。

-print：默认选项，显示查找目录的子目录和文件。

-name 文件名：指定要查找的文件名。

-size xK：查找指定目录大于 xK 的文件。

-user 用户名：查找指定用户的文件。

-atime n：查找 n 天前访问过的文件或近 n 天没有访问过的文件。

-mtime n：查找 n 天前修改过的文件。

-type x：查找 x（d 表示目录，l 表示链接文件，f 表示普通文件）类型的文件。

举例如下。

find . -name smb：在当前目录及子目录中查找 smb 文件。

find / -name smb：在当前目录及子目录中查找 smb 文件。

find /bin-name g*：查找 /bin 目录中以 g 开头的文件。

find-atime -10：查找近 10 天内没有访问过的文件。

10. 在系统注册的文件中查找指定文件命令

在对文件系统进行索引时，locate 命令查找文件的速度比较快，但可能找不到后安装的文件。用 updatedb 可以重建索引，这两个命令常在一起使用。

例如：

```
updatedb
locate httpd.conf
```

如果你重新建立一个文件，要重建索引才可以找到。

11. 在规定的目录中查找指定文件命令

whereis 命令可以在规定的目录中查找指定文件，格式如下：

```
whereis [选项] 文件名
```

可在源程序目录、二进制文件目录和 man 手册目录下快速查找特定文件。选项说明如下。

-b: 仅查找二进制文件。

-m: 仅查找 man 手册文件。

-s: 仅查找源程序文件。

例如，想查找 cat 命令在哪里：

```
whereis cat
```

12. 在搜索目录查找文件命令

which 命令在搜索目录中查找命令文件，找到后显示文件的路径。

例如，想查找 ls 命令在什么地方：

```
which ls
```

13. 检索文件内容命令

grep 命令可用来检索文件内容，选项参数很多，这里给出几个常用的选项。

（1）先用命令 ls -l > mydir 建立一个名为 mydir 的文件，再查找含有 conf 的文本行，并显示行号。命令如下：

```
grep -n conf mydir
```

（2）查找文件中含有 name、conf、gz 等字符串的文本行，并显示行号。

先建立一个关键字文件：

```
cat>keywords
name
conf
gz
```

按 Ctrl+D 组合键结束输入。

利用 keywords 文件中的关键字进行查找，参数 n 表示显示行号，参数 f 表示从文件中读取。

```
grep -nf keywords mydir
```

14. 安装或卸载文件系统命令

Linux 的文件系统是一个目录树，对其他设备（如 Windows 的硬盘、软盘、光盘等）进行访问时，要将其挂载在系统目录树下，一般安装在 Linux 的 /mnt 目录下。当没有挂载时，与其他 Linux 目录没有什么区别；当将软盘挂载在 floppy 目录下时，再对这个目录进行的访问就变成了对软盘的访问，也可以说 /mnt/floppy 与软盘建立了映射。挂载命令格式如下：

```
mount [参数][-t 文件系统类型] 设备名 安装目录 (mount-point)
umount 挂载点或设备名 (device)
```

参数说明如下。

-r：将文件系统挂载为只读模式。

-w：将文件系统挂载为读写模式。

-t：要安装文件系统的类型，默认系统自动探测文件系统类型。

-o loop：指定本机的 ISO 文件。

例如，将 /mnt/RHEL6.iso 挂载到指定目录 /mnt/linux 下：

```
mount -o loop /mnt/RHEL6.iso /mnt/linux
ls /mnt/linux
```

例如，将硬盘第 1 个分区、装有 Windows 的原 "C:" 盘中的 RHEL 目录中的所有内容，复制到 Linux 中 /tmp 目录下，可以这样做：

```
mkdir /mnt/WinC
mount /dev/sda1 /mnt/WinC
cp -r /mnt/WinC/RHEL  /temp
```

其中，sda1 中的 sd 代表 SCSI 硬盘（如果是 IDE 磁盘，名称为 hd），a 代表第 1 个主盘，1 表示第 1 个分区，把它挂载到目录 /mnt/WinC 上，对这个目录的访问就相当于对原 "C:" 盘的访问。

【注意】 sdb1、sdc1、sdd1 分别代表第 2~4 个物理盘，最后的数表示分区。主 IDE 线缆可接两个硬盘，分别为 had 和 hdb；次 IDE 线缆对应 hdc 和 hdd。

对光盘访问时，插入光盘后，输入以下命令：

```
mount /dev/cdrom /mnt/cdrom
```

卸载光盘：

```
umount /mnt/cdrom
```

或

```
umount /dev/cdrom
```

对软盘访问时，插入软盘后，输入以下命令：

```
mount /dev/fd0 /mnt/floppy
```

卸载软盘：

```
umount /mnt/floppy
```

或

```
umount /dev/fd0
```

对 USB 设备访问时，先加入 U 盘设备，再插入 U 盘，在屏幕上找到 USB 设备的信息（sdb）。然后输入下面命令：

```
mount /dev/sdb2 /mnt/usb
mount -t vfat /dev/sdb /mnt/usb
```

卸载 USB 设备：

```
umount /mnt/usb
```

映射网络共享资源：

```
mount //IP/sharename /mnt/sharename
```

如果连接有问题，可加上用户名等参数，例如：

```
mount //192.168.1.100/sharename sharename-o username=root [,password='']
```

取消网络共享资源的映射：

```
umount /mnt/sharename
```

使用 mount 命令挂载设备时可根据需要增加参数，例如：

```
mount.cifs -o username=xx,password=xx //ip/share /mnt/share
```

或

```
mount -t cifs -o username=xx,password=xx //ip/share /mnt/share
mount -t cifs //ip/sharename /mnt/sharename
```

或

```
mount.cifs //ip/sharename /mnt/sharename
mount.cifs //ip/sharename /mnt/sharename -o user=administrator
[,passwd=admin]
mount.cifs //ip/sharename /mnt/sharename -o passwd=admin
mount.cifs //ip/sharename /mnt/sharename -o passwd=""
```

由于 SELinux 会限制外部设备对 smb server 共享资源的访问，需要进一步设置，或关闭 SELinux 功能。

```
vi /etc/selinux/config
```

或

```
setenforce 0
```

【注意】 为了加速磁盘操作，采用了缓冲机制，当缓冲区不满时，没有真正写入磁盘。为了保证及时写入磁盘，可以手动执行 sync（清理缓冲区或同步命令），或用 umount 命令卸载，在正常关机时系统会自动完成这些操作。

15. 检查文件系统使用情况命令

df 命令可检查文件系统使用情况，格式如下：

```
df [ 选项 ]...[ 文件 ]
```

选项说明如下。

-a：列出全部文件系统的使用情况。

-h：以 GB 和 MB 的方式列出文件系统使用情况，便于阅读。

例如，以便于阅读的方式列出命令：

```
df -h
```

16. 检查磁盘使用情况命令

du 命令格式如下：

```
du[ 选项 ]...[ 文件 ]
```

选项说明如下。

-a：列出全部目录及其子目录的每个文件所占的磁盘空间。

-b：以字节为单位。

-c：最后给出统计。

-h：以便于阅读的方式列出。

-s：只列出文件大小的总和。

例如，列出当前目录下所有文件所占用的磁盘空间：

```
du -h
```

列出 /var 目录占用的磁盘空间，并给出统计：

```
du -bc  /var
```

仅列出当前目录占用的磁盘空间：

```
du -bs
```

17. 搜索路径命令

搜索路径 PATH 是一个环境变量，可以通过改变 PATH 的值修改系统的搜索路径。例如，在当前搜索路径下再增加搜索路径 /mnt/linux 和对当前目录的搜索：

```
PATH=$PATH:/mnt/linux:./
```

显示路径命令：

```
echo $PATH
```

（1）用 "："分隔各个路径单元，不像 DOS 是用 "；"分隔。

（2）$PATH 是对系统原有路径进行设置（注意大小写）。

（3）当前路径和其他路径一样，都要求设置。

每个用户都可以对自己的环境进行设置，通过对用户目录下 .base_profile 文件的修改来实现，文件名前边有一个 "."，表示是隐含的文件。要使用 ls -a 命令才可以看到。

18. 建立空文件命令

touch 命令用于建立空文件或更改文件的日期或时间。

例如，建立一个空文件 newfile 的操作如下：

```
touch newfile
```

其中，-t 参数是修改文件时间，格式如下：

```
[[CC]YY]MMDDhhmm[.ss]->[[世纪]年]月日时[.秒]
```

例如，将 newfile 的时间改为 9 月 1 日 8:00 的操作如下：

```
touch newfile -t "09010800"
```

将 newfile 的日期修改为 2021 年 2 月 9 日的操作如下：

```
touch newfile -d "02/09/2021"
```

2.3　用户管理命令

Linux 中的超级用户是 root，负责对系统进行管理，其主目录为 /root，普通用户的主目录为 /home/ 用户名，用户的信息存放在 /etc/passwd 文件中。

1. /etc/passwd 文件

下面是 passwd 文件的部分内容：

```
root:x:0:0:root:/root:/bin/bash
bin:x:1:1:bin:/sbin/nologin:
daemon:x:2:2:deamon:/sbin:
lp:x:4:7:lp:/var/spool/lpd:
```

文件的每一行定义一个用户的属性，有七部分，各部分以"："分隔。格式如下：

用户名：密码占位符：用户 ID：组 ID：用户全称：用户目录：shell 名称

（1）用户名是系统用户的标识符，可以是由字母、数字或符号构成的字符串。

密码占位符部分表现为 x，这是加密的意思。为了安全起见，口令的真实内容放在一个只有 root 用户可以访问的文件 /etc/shadow 中，并以加密的方式存放，这种方式叫"影子口令"。对于新建立的未设置过口令的用户，在 /etc/shadow 中会将其密码部分设置为"！！"，以表示锁定该用户的口令，在用户重置口令后，新的口令会替代"！！"内容。

（2）用户 ID 既是用户的数字标识，也是系统对用户的唯一标识，让计算机处理起来更为方便。

（3）组 ID 是用户组的数字标识，让计算机处理起来更为方便。

（4）用户全称是用户的说明，可以是真名或全称或电话等，可用 finger 命令查询。

（5）用户目录既是存放用户信息的目录，也是登录后默认的工作目录。

（6）最后部分是用户登录后要执行的程序。如果某个用户的这里是 logout，则该用户一旦登录成功，就执行 logout，使用户无法真正登录。

2. /ect/shadow 文件

为了口令的安全，系统要对口令进行加密处理，将其保存在只有 root 可以读的 /etc/
shadow 文件中。文件部分内容如下：

```
root: $6$XeIQaF6zBG/1s1CH$aEdtzjOTY69skD.0v35QHymxUBjwFNITDKGtK.
bMJZFeuLmW1YD.KysoYyaV2wYdEGqqYGfybIfZVfE/.Svgf1:18658:0:99999:7:::
bin:*:15937:0:99999:7:::
daemon:*:15937:0:99999:7:::
```

文件每行代表一个用户记录，分成 9 个域，用“:”分开，从左到右分别表示如下。
（1）用户名。
（2）加密后的口令，若为空，则该用户不需口令即可登录;若为“*”，则该账号被禁止。
（3）口令上次修改天数 = 修改日期 −1970.1.1（修改日期 =1970.1.1+ 天数）。
（4）口令更改后不可更改的天数。
（5）口令更改后必须更改的天数。
（6）口令失效前警告的天数。
（7）口令失效后距账号查封的天数。
（8）账号被查封距 1970.1.1 的天数。
（9）保留未用。

3. /etc/group 文件

这个文件存放的是有关用户组的信息。下面是该文件的部分内容：

```
root:x:0:root, th1
bin:x:1:root, bin, daemon
daemon:x:2:root, bin, daemon
```

文件的每一行代表一个用户组，有 4 部分，具体如下：

组名，组口令，组 ID，组成员列表（用逗号分开）

4. 用户的建立、删除与修改

增加用户的命令是 useradd（同 adduser），命令格式如下：

```
useradd [选项] 用户名
```

选项说明如下。
-c：指定用户的说明信息。
-d：指定用户的目录，默认为“/home/ 用户名”。
-e：指定用户过期时间，格式为 MM/DD/YY。
-f：指定用户口令过期后，仍然可以使用的时间。
-g：指定用户初始登录组。
-G：指定用户所属组（一个用户可在多个组）。
-u：指定用户 ID 号，默认情况下，由系统自动分配。
（1）以下命令建立一个用户 uu，系统会将用户 uu 的信息写入 /etc/passwd、/etc/shadow、/

etc/group 及 /etc/gshadow 文件中，并在 /home 下建立 uu 用户的家目录，同时在 /var 下为 uu 用户建立邮件账号。

```
useradd uu
```

（2）以下命令建立一个用户 u1，并将 u1 的组指定为 uu。

```
useradd u1 -g uu
```

（3）以下命令建立一个用户 u2，使用目录 /home/uu，将 u2 加入指定的组 uu，注意 uu 组一定要存在。

```
useradd u2 -g uu -d /home/uu
```

用户建立后必须建立口令才能登录，执行以下命令：

```
passwd u2
```

设置口令后 u2 用户就可以登录了，以后还可用 passwd u2 更改自己的口令。

usermod 命令可以更改用户 ID、组 ID 和用户目录等。

常用选项如下。

-d <dir>：改变用户的家目录。

-u <uid>：改变用户自身的 ID 值。

-g <gid>：改变用户所属的组。这个 gid 一定要存在。

（4）设 uu 的 gid 是 503，u2 原来的 gid 是 502，修改 u2 用户的组 ID 为 503。操作如下：

```
usermod -g 503 u2
```

或

```
usermod -g uu u2
```

（5）删除用户 u2 及其家目录的操作如下：

```
userdel u2 -r
```

用 userdel <用户名> 是删除指定用户，加 -r 则同时删除用户目录。也可以直接修改 /etc/passwd 文件。

（6）以 Shell 方式建立用户，并通过标准输入方式设置口令：

```
useradd student
passwd student --stdin <fname          # fname 是口令文件，其内容是口令，如 aaa
```

或

```
cat fname|passwd student --stdin
```

或

```
echo "word"|passwd student --stdin          # word 是一个字符串，如 bbb
```

5. 用户组的建立与删除

一个用户的权限是其自身的权限和所在组的权限之和，对用户合理分组是用户管理的重要一环。建立用户组的命令是"groupadd < 组名 >"，例如：

```
groupadd student
groupadd teacher
```

可以用 -g 参数指定组标识或组名，例如：

```
groupadd -g 200 uu
```

但一般由系统自动给出。

删除组的命令是"groupdel < 组名 >"，例如：

```
groupdel student
```

要修改与管理组信息，可以直接对 /etc/group 文件进行编辑。如果组的 ID 出现在 /etc/passwd 文件的某用户对应的组 ID 中，这个组为用户的基本组，基本组是无法删除的。

6. 改变文件访问权限命令

在前面讲 ls 命令时，已说过用 ls -l 看到的目录情况如下：

```
drwxr-xr-x 3 root root 1024 May 7 8:30 aaa
-rw-rw-rw- 1 u1   uu   1861 Sep 5 9:00 bbb
```

第一个字符 d 表示目录，"-"表示普通文件，后面有三组 rwx，分别为属主（user）、同组（group）和其他（other）用户的读写执行权限。

接下来是文件个数、属主、属组、文件大小、月、日、时间以及文件名。

当用户创建一个文件时，这个文件的属主就是该用户，并对此文件有全权。文件的属主和权限是可以更改的，chmod 是更改用户对文件或目录权限的命令。格式如下：

```
chmod  [ 可选项 ] 权限 [，权限 ]  文件名
```

可选项说明如下。

-c：只有在文件的权限确实改变时才进行详细说明。

-v：详细说明权限的变化。

-R：对本目录及子目录的授权。

权限说明如下。

u：user，表示属主用户。

g：group，表示同组用户。

o：other，表示其他用户。

a：all，表示所有用户（默认）。

+：权限被追加。

-：权限被取消。

=：only，执行替换操作。

r：读权限。

w：写权限。

x：执行权限。

【注意】 对于文件而言，x 表示执行权限；对于目录而言，x 表示进入目录的权限。

rwx 也可以用三位二进制数字表示，r 为 4，w 为 2，x 为 1，可能的组合如下：

0：表示禁止任何操作。

4：代表只读。

5：代表读和执行。

6：代表读和写。

7：代表读、写和执行。

所以 u、g、o 的权限可以用 3 个 0~7 的数字表示。

chmod 命令功能如下。

（1）改变 /home/aaa 目录权限。

```
chmod u+rwx /home/aaa          # 赋予属主对指定目录有全权
chmod g+w, o+r/home/aaa        # 给属组加写权，其他用户加读权
chmod g-w /home/aaa            # 取消属组的写权限
chmod o=rx /home/aaa           # 让其他用户拥有读和进入权限
chmod +w /home/aaa             # 不指明对象时，w 表示对属主操作，r、x 表示对全体操作
ll /home                       # 用长格式列表，查看 /home 目录的权限
```

显示：

```
drwxr-xr-x 3 root root 1024 May 7 8:30 aaa
```

其中，d 表示目录，rwxr-xr-x 对应二进制数 111101101，对应八进制数 755。

等效于：

```
chmod 755/home/aaa
```

（2）让所有人对 public 目录及子目录有全权：

```
chmod ugo+rwx -R public        # -R 表示包括子目录
chmod 777 -R public
```

7. 改变文件的所有者命令

chown 命令格式如下：

```
chown [选项] 用户 [:组] 目录或文件
```

选项说明如下。

-c：只有在文件的属主确实改变时才进行详细说明。

-v：详细说明属主的变化。

-R：包括子目录。

例如，将 /mnt/aaa 目录的属主改为用户 u1：

```
chown u1 /mnt/aaa
```

将当前目录的 doc 文件的属主改为 u1, 属组改为 uu, 命令如下:

```
chown u1:uu doc
```

通过 ll 命令可以看到命令执行的结果。

8. 改变文件属组命令

chgrp 命令格式如下:

```
chgrp[ 选项 ]组名称 目录或文件
```

选项说明如下。

-c: 只有在文件的属主确实改变时才进行详细说明。

-v: 详细说明属主的变化。

-R: 包括子目录。

例如, 改变 /home/test/ 目录及子目录的属组为 root 组的命令如下:

```
chgrp -R root /home/test/
```

2.4 系统管理命令

作为一名管理员, 了解系统当前有哪些用户, 系统启动了哪些服务, 如何查看、关闭、再启动以及如何掌握系统运行状态, 对于系统正常、安全运行是很重要的。

1. 查询登录用户详细情况命令

w 命令格式如下:

```
w [-h] [-u] [-s][-v] [user]
```

其中,

-h: 不显示信息头。

-u: 不显示用户当前进程和占用 CPU 时间。

-s: 不显示用户登录时间和占用 CPU 时间, 以短格式显示。

-V: 显示命令版本信息。

例如, 显示当前已登录的用户情况:

```
w
```

再按 Enter 键。

先显示基本信息, 即当前时间、开机时间、登录用户数、平均负载。

然后显示用户登录信息, 用户登录信息分为 8 部分:

用户	终端名	登录点	登录时间	空闲时间	相关时间	当前进程	用户操作
USER	TTY	FROM	LOGIN	IDLE	JCPU	PCPU	WAIT
root	tty1	-	8:30am	13:00	0.21s	0.02s	vi
pengxm	ttyp0	jw	9:30am	0:00s	0.33s	0.04s	ls

终端名 tty1~tty6 是当前主机的虚拟工作站，可用 Alt+F1~Alt+F6 组合键切换，ttyp0~ttyp4 是用 Telnet 远程登录的终端名，其中 FROM 是登录点，本机登录时显示"-"，远程登录时则显示主机名或 IP 地址（如果穿过路由则显示 IP 地址）。

2. 查询登录用户的简要情况命令

who 命令可查询登录用户的简要情况，格式如下：

```
who  [选项]
```

选项说明如下。

-i：在登录时间后显示用户空闲时间。

-m：显示当前用户登录情况，等效于 who am I。

-q：仅显示登录的用户名和总数。

-w：显示是否可以联机收发信息，"+"表示可以，"-"表示不可以。

（1）显示当前登录用户是否可以收发信息的命令如下：

```
who -w
```

显示：

```
root     -      tty1  Dec   10    8:30
u1       +      ttyp0 Dec   10    9:30
```

表示用户 root 不能收发信息，是从控制台 1 登录的。

用户 u1 可以收发信息，是通过 Telnet 登录的。

（2）仅显示当前登录用户名和登录用户总数的命令如下：

```
who -q
```

显示：

```
root u1
# users=2
```

表示总共有两个用户，分别是 root 和 u1。

3. 查看当前进程状态命令

ps 命令可查询进程的详细情况，默认包括进程标识号（PID）、终端编号（TTY）、状态（STAT）、使用 CPU 时间（TIME），以及启动进程命令（COMMAND）等。

Ps 命令格式如下：

```
ps [选项]
```

选项说明如下。

-l：用长格式显示更多的信息，包括 CPU、MEM 使用的百分比。

-a：显示所有用户的进程。

-e：显示所有进程。

-x：显示所有进程，包括控制台。

例如，查找进程 smbd 的过程如下。

先关闭 smb 服务：

```
service smb stop
ps -e|grep smb          # 看不到 smb 进程
```

最后启动 smb 服务：

```
service smb start
ps -e|grep smb          # 可看到 smb 进程
```

4. 杀死指定进程命令

在程序调试时，经常要终止指定的服务，做法是先用 ps 命令查找指定服务进程的 PID，再用 kill PID 命令将其终止。例如，要结束 MySQL 数据库服务：

```
ps -aux|grep mysql      # 先查找 MySQL 的进程号 PID
kill <mysql-PID>        # 再用 ps 命令查看是否已杀掉
```

kill 命令向指定进程发送指定的信号，定义的信号有很多（通过 kill -l 命令可以看到全部信号），常用的有以下几个。

1 SIGHUP：hangup detected on controlling terminal or death of controlling process，当在控制终端控制程序死索时挂起。

2 SIGINT：interrupt from keyboard，从键盘中断。

3 SIGQUIT：quit from keyboard，从键盘退出。

9 SIGKILL：kill signal，杀死信号。

15 SIGTERM：termination signal，结束信号。

如果删除进程不成功，可用 SIGKILL(-9) 信号操作，即

```
kill -1 mysql-PID 号    # 杀死再启动，相当于 restart
kill -9 mysql-PID 号    # 强制杀死
```

当没有指定信号时，默认为 -15。

5. 查看系统使用状态命令

top 命令功能：显示当前系统 CPU、内存等系统使用状况，同时提供一个交互的界面，让用户可以观察系统进程情况。

top 命令格式如下：

```
top [可选项]
```

可选项说明如下。

-d：设置刷新屏幕的时间间隔。

-q：刷新时间为零，即不间断地报告情况。

-i：忽略任何空闲的进程和僵死的进程。

-c：显示进程的命令行，而不仅是命令。

-n：指定报告情况的次数。

-s：使 top 命令以安全的方式运行，即对外界输入不作反应。

top 命令启动后就会按选项要求工作，在 top 命令运行期间，可以接受的键盘命令如下。

空格：更新 top 命令显示。

Ctrl+L 组合键清除屏幕并重新显示。

k：终止指定进程。

u：显示指定用户的进程。

f：改变显示的信息字段。

o：改变显示的排序方式。

t：进程和 CPU 状态显示开关。

c：命令行和信息行显示转换键。

P：按 CPU 使用排序（默认方式）。

T：按时间排序。

W：将当前的设置写入 toprc 文件。

q：退出。

当要终止某个进程时，可以在进入 top 命令后，按 k 键，显示：

```
PID to kill:
```

再输入要终止的进程号。

top 命令不断检查系统进程。当查看系统进程时，最好修改刷新频率，可以用 Shift+< 和 Shift+> 组合键滚动屏幕。

如果当前系统工作很忙，系统处理其他任务的速度下降，这时可用 top 命令查看哪个进程占用 CPU 的资源多，必要时可以将它杀掉。

6. 查看网络状态命令

netstat 命令可以查看网络连接状态、路由表住处及接口统计信息等。netstat 命令格式如下：

```
netstat [可选项]
```

可选项说明如下（更多的内容请用 man netstat 查看帮助）。

-i：显示网络接口状态。

-a：所有网络通信套接字。

-n：显示网络端口连接情况。

-r：显示路由表。

-t：显示 TCP 连接情况。

-u：显示 UDP 连接情况。

-p：显示进程。

例如：

```
netstat -i          #  显示网络接口的信息
netstat -an         #  查看所有端口号
netstat -ant        #  查看所有 TCP 端口号
netstat -antp       #  查看所有 TCP 端口，显示协议
netstat -nr         #  查看路由
```

7. 跟踪路由命令

traceroute 命令格式如下：

```
traceroute <ip>
```

可以看到跳数、路径 IP 和返回时间。

例如：

```
traceroute 202.99.8.1
```

显示从本机到达 202.99.8.1 所经过的路由。类似于 Windows Server 中的 tracert。

8. 启动服务命令

service 命令格式如下：

```
service <server name><operate>
```

例如：

```
service named start        # 启动域名服务
service smb stop           # 停止 smb 服务
service network restart    # 重启网络配置
service httpd restart      # 重启 Web 服务
```

系统的服务在文件 /etc/services 中，如果是以 ".tar 包安装的程序"，是不能这样运行的，要到指定目录去运行（对于 Windows 是 \winnt\system32\driver\etc\services 文件）。

9. 其他应用命令

（1）暂停 n 秒：

```
sleep <n>
```

（2）请求用键盘输入字符串给变量 a：

```
read a
```

（3）Linux 与 Linux 之间的复制（使用 SSH 协议）：

```
scp root@192.168.100.199:/mnt/linux/bat
scp bat root@192.168.100.200:/mnt/linux/
scp -r root@192.168.100.199:/mnt/linux/lx
scp -r lx root@192.168.100.200:/mnt/linux/bat
```

（4）向 ip 发送 5 个 ICMP 数据包：

```
ping ip -c 5
```

（5）显示内存和交换分区的使用情况：

```
free
```

（6）打开关闭消息开关：

```
mesg [y|n]
```

（7）发送广播消息，在多行时用 Ctrl+D 组合键结束输入。

```
wall "good morning everyone."
```

（8）向指定用户发送信息：

```
write user [ttyname]
```

例如，从当前终端的当前用户向 tty2 终端的 root 发送信息，按 Ctrl+D 组合键发送并退出（who 命令可以看到用户所在的终端，用 ALT+Fn 组合键切换到不同终端）。

```
write root tty2
```

本 章 小 结

本章的主要内容是介绍 Linux 目录结构和常用命令，要学好 Linux，掌握其目标结构、文件的位置是很重要的。一个 Linux 高手对 Linux 系统目录结构是很清楚的，但目录结构不是靠死记硬背，而是在学习中逐渐加深认识，通过相关实验操作理解并记住的。

一般管理员在配置 Linux 服务时，大多在命令行方式下进行，原因是 Linux 的服务配置都是通过配置文件实现的，在命令行方式下修改配置文件，实现服务的启动、停止等显得更得心应手。为了较好地掌握 Linux 系统的操作命令，将其划分为以下三类。

（1）目录和文件操作命令：包括显示、查找、删除、复制、移动、链接、映射等。

（2）用户管理命令：包括用户的建立、删除、授权等。

（3）系统管理命令：包括进程的查找、启动、结束、显示系统服务端口等。

Linux 的命令有很多，重点是常用命令的使用。

习 题

一、简答题

1. 将文件 st 的内容追加到 rc.local 中。

2. 将用 ls 命令列表时显示的内容改向到 myfile 文件中。

3. 新安装的 Linux 系统的根目录下有哪些目录？

4. 如何得到 ls 命令的帮助？

5. 如何在 Linux 下读光盘？

6. 如何在 Linux 中读宿主机的 C:\li 目录中的内容？

7. 如何在 Linux 系统中查找文件 smb.conf？

二、操作题

1. 建立用户 u8，建立目录 /mnt/mydir，让用户 u8 成为目录 /mnt/mydir 的属主，并授予全权。

2. 启动 smb 进程，查看 smb 进程，再杀死 smb 进程，并查看系统是否有 139 端口服务。

第 3 章　Shell 编程

- 文本编辑器 vi 的使用；
- Shell 编程基础例题分析；
- Awk 语言特点与应用。

3.1　文本编辑器 vi 简介

3.1.1　vi 基本概念

vi 是 UNIX 世界里极为普遍的文本编辑器。在 UNIX 中也有很多文本编辑器，但 vi 是最通用的。要学习 Linux，掌握 vi 编辑器的操作很有必要。

进入 vi 后有两种状态：编辑状态和命令状态。在编辑状态下主要进行基本的输入、删除操作；在命令状态下主要进行一些功能操作，如复制、粘贴、删除、查找、存盘、退出等。

按 Insert 或 i 键进入编辑状态，按 Esc 键进入命令状态。当执行 vi 时，默认是命令状态，此时输入的任何字符都被视为命令，这时按 Insert 或 i 键就可以进行编辑了。

在操作系统提示字符下输入 vi <filename> 可启动 vi，如果 filename 存在就打开，否则建立新文件。进入 vi 后屏幕左方出现波浪符号 "~"，表示此行为空。

在命令状态下输入 ":q" 可退出，输入 "q!" 可强行退出，输入 ":wq" 可存盘退出，输入 ":wq!" 可强制存盘退出。

3.1.2　vi 输入模式

在命令状态下可用以下命令进入编辑状态。

（1）在命令状态下以添加（append）的方式按 a 或 A 键进入编辑状态。

a：在光标位置后面开始输入，光标后的字符随新增字符向后移动。

A：从光标所在行尾开始输入。

（2）在命令状态下以插入（insert）的方式按 i 或 I 键进入编辑状态。

i：在光标位置前面开始输入，光标后的字符随新增字符向后移动。

I：从光标所在行首的第一个非空字符前面开始插入字符。

（3）在命令状态下以开始（open）的方式按 o 或 O 键进入编辑状态。

o：在光标所在行下方新增一行，并进入输入模式。

O：在光标所在行上方新增一行，并进入输入模式。

按 Esc 键可从编辑状态返回命令状态。

3.1.3 删除与修改操作

在命令状态下直接按下面键可以进行删除或修改。

x：删除光标所在字符。

dd：删除光标所在的行。

r：修改光标所在字符，r 后接要修正的字符。

R：进入替换状态，新字符会覆盖原先字符，按 Esc 键回到指令模式。

s：删除光标所在字符，并进入输入模式。

S：删除光标所在的行，并进入输入模式。

3.1.4 移动光标命令

移动光标分编辑状态和命令状态，都支持小键盘操作，如 Home、End、PageUP、PageDown 和方向键。

在命令状态下移动光标支持 h、j、k、l 键，等效于左、下、上、右方向键。

另外，在命令状态下还有直接控制光标移动到指定位置的命令，具体如下。

:0：将光标移动到文件首。

:n：将光标移动到文件第 n 行。

:$：将光标移动到文件尾。

例如：

```
/string
```

其中，string 表是要查找的字符串，按 n 键向后寻找下一个，按 N 键向前寻找上一个。

3.1.5 编辑命令

编辑命令是指在命令状态下对当前文档进行编辑操作。下面是一些操作命令，但有些操作和范围有关系，如删除、复制等。

常用操作命令如下。

d：删除（delete）。

y：复制（yank）。

p：粘贴（put）。

c：修改（change）。

u：还原（undo）。

常用范围命令如下。

e：光标所在单词的最后一个字母或下一个单词的最后一个字母。

w：光标所在位置到下个单词的第一个字母。

b：光标所在位置到上个单词的第一个字母。

$：光标所在位置到该行的最后一个字母。

0：光标所在位置到该行的第一个字母。

(：光标所在位置到该句的第一个字母。

)：光标所在位置到下个句子的第一个字母。

{：光标所在位置到该段落的第一个字母。

}：光标所在位置到该段落的最后一个字母。

假如要删除一个字，可以使用 dw 命令，其中 d 是删除，w 是范围。

假如要删除当前光标位置到行末，可用 d$ 命令。

假如要删除当前光标位置到本段末尾，可用 d} 命令。

vi 还提供了以下整行操作命令。

dd：删除整行文字。

cc：修改整行文字，删除后进入插入状态。

yy：复制整行文字，nyy 是复制 n 行数据块。用 p 可以放置（粘贴）。

另外，块操作可以使用 v 键功能。v 键是一个特殊的指令，在按住 v 键时移动光标可以得到反白的区域，然后可用 d 命令删除。

利用鼠标"建块"很方便，操作是在编辑状态下按住鼠标左键拖动鼠标。要复制时，先移动光标到指定点，再右击并进行复制操作。

3.1.6　文件操作指令

文件操作指令以"："开头，并且在指令模式下输入操作命令，具体如下。

:q: 结束编辑（quit）。　　　　　　　　:q!: 强制退出（放弃存盘）。

:e <name>: 读文件。　　　　　　　　　:e!: 强制重新读入编辑的文件。

:r <name>: 插入当前。　　　　　　　　:!ls: 执行外命令。

:w: 对文件名进行存档。　　　　　　　:w!: 强制写入。

:wq: 存盘后退出（同 zz）。

:n,mw filename: 将第 n 行到第 m 行的文字存放到指定的 filename 里。

在 X-Window 下也可以使用 vi 编辑器，右击，选择 Open Terminal 会出现终端操作界面，并且在编辑菜单中可以设置终端的颜色。

3.2　Bash Shell 编程

Bash Shell 是 Linux 的默认 Shell，学好它很有意义，因为用户要按自己的意愿运行命令，而且 Shell 开发了 Linux 系统的潜能，使其高效而快捷。

学习 Bash Shell 时可以用 man bash 得到帮助，或用 info bash 来查看帮助信息。

3.2.1　环境变量

环境变量以 ASCII 字符串形式存储，环境变量不仅供 Shell 脚本用，还可以供编译过的标准程序使用。当在 Bash 中"导出"环境变量时，以后运行的程序都可以读取。

在 Bash 中定义环境变量的标准方法是"变量名 = 变量值"，例如：

```
MYVAR='lx'
```

定义了一个名为 MYVAR 的环境变量（变量一般用大写），注意等号"="的两边没有空格。定义一个字符时引号可以省略；如果定义的字符串中有空格，则必须使用引号，单引号或双引号都可以。

在读取变量时前面要加 $，例如：

```
echo $MYVAR           #  输出：lx
echo ${MYVAR}1        #  输出：lx1
echo "$MYVAR 1"       #  输出：lx 1
echo $MYVAR1          #  找不到变量
```

在 Linux 中使用 C 语言写程序也是很方便的。设有一个 C 程序 lx.c，内容如下：

```
#include <stdio.h>
#include <stdlib.h>
int main(void)
{
    char *lxa=getenv("X");
    printf("mystring %s\n",lxa);
}
```

其中，"*"表示指针；getenv() 是取出环境变量的值，输出语句中的 mystring 是字符串的一部分；"%s"表示以字符串 string 的格式输出变量 lxa 的值；"\n"表示回车符。

编译：

```
gcc lx.c -o lx
```

其中，-o 表示输出。产生一个可执行程序 lx，执行它：

```
./lx
```

输出：

```
mystring (null)
```

由于没有给 EDITOR 赋值，所以输出为 null，下面给 EDITOR 赋值：

```
X=aaaa
```

再执行：

```
./lx
```

输出：

```
mystring (null)
```

输出还是为空，虽然已赋值但没有导出，所以不能在其他可执行程序中使用。下面执行导出命令：

```
export X
```

再执行：

```
./lx
```

输出：

```
mystring aaaa
```

也可以在赋值时导出，记作：

```
export X=aaaa
```

使用 unset 可以除去环境变量，例如：

```
unset X
./lx
```

输出：

```
mystring (null)
```

特殊的环境变量是由系统定义的，可以用 env（environment）命令看它的值：

```
env |more
```

或将 env 的输出改向到一个文件，再用 vi 看：

```
env >envfile
vi envfile
```

常见的环境变量如下。

HOME：登录时的目录，如 HOME=/home/zk。

SHELL：使用的 Shell 名称，如 SHELL=/BIN/SH。

MAIL：邮箱目录，如 MAIL=/home/zk/mail。

PATH：指定搜索路径，如 PATH=$PATH:./。

PS1：提示符，如 PS1=$。

LOGNAME：保存登录名，为自动设置。

PWD：保存当前目录，为自动设置。

可用 echo 命令显示环境变量。例如：

```
echo $PATH
```

命令行参数如下。

"$0"：命令本身。

"$#"：脚本的变量数目。

"$1" "$2" "$3"：分别为第 1~3 个参数。

"$@" "$*"：命令行参数的集合，常用于循环程序中。

例如，命令 ls -a /tmp 的命令行参数如下：

```
$*=-a /tmp
$@=-a /tmp
$0='ls'
$1='-a'
$2='/tmp'
```

设一个程序名为 lxa，其内容如下：

```
echo $*
echo $@
echo $0
echo $1
echo $2
echo $3
```

执行：

```
./lxa a b c
```

显示：

```
a b c
a b c
./lxa
a
b
c
```

3.2.2   运算符

1. 文件判断条件

条件 [-e filename]：存在则为真。

条件 [-d filename]：是目录则为真。

条件 [-f filename]：是文件则为真。

条件 [-L filename]：是符号链接则为真。

条件 [-r filename]：可读为真。

条件 [-w filename]：可写为真。

条件 [-x filename]：可执行为真。

file1 -nt file2：若 file1 比 file2 新，则为真。

file1 -ot file2：若 file1 比 file2 旧，则为真。

例如：

```
read x
if [ -e $x ]; then
 echo "this file exist !"     #  文件存在
fi
```

2. 字符串判断条件

[-z string]：表示若 string 长度为零，则为真。

[-n string]：表示若 string 长度非零，则为真。

[string]：表示非空为真。

[$X == string]：表示相同为真。

[$X != string]：表示不相同为真。

（1）

```
s="a"
if [ -z "$s" ]; then
 echo "yes"
else
 echo "no"
fi
```

因为变量 s 的长度不为 0，条件为假，输出 no，令 s=""，再运行，输出 yes。

将 -z 换成 -n 情况如何呢？

（2）

```
read s
if [ $s ]; then
 echo "ok!"
else
 echo "null"
fi
```

执行上述程序时要求键盘输入变量 s，如果不输入内容并按 Enter 键，则显示 null。

3. 数值判断条件

[n1 -eq n2]：表示等于。

[n1 -ne n2]：表示不等于。

[n1 -lt n2]：表示小于。

[n1 -le n2]：表示小于或等于。

[n1 -gt n2]：表示大于。

[n1 -ge n2]：表示大于或等于。

例如：

```
x=3
read y
if [ x -lt y ]; then
    echo "ok!"
else
    echo "err"
fi
```

4. 数值运算符

+（加）、−（减）、*（乘）、/（除）、%（取余）、&（与）、|（或），还有 $(( ))（算术运算）。
例如：

```
echo $((100/3))
33
```

例如，求一个数除以 5 的商和余数。

```
read s
echo $(($s/5))
echo $(($s%5))
```

5. 命令输出改向

命令行的输出可以改向到文件或变量，先看一个例子：

```
a="echo $((1+2))"
b='echo $((1+2))'
c=$(echo $((1+2)))
d=`echo $((1+2))`
echo $a
echo $b
echo $c
```

显示：

```
echo 3
echo $((1+2))
3
3
```

由此可以看出：

a 表达式中的 $(()) 是计算结果，然后将字符串 echo 和 $((1+2)) 的计算结果送给 a，所以输出 echo 3。

对于 c 表达式，$() 将括号内表达式，当作一个变量处理。输出 3，并送给变量 c。

对于 d 表达式，用单撇号 "`" 执行其中的命令，将结果送给变量 d，所以输出为 3，与 $() 功能相近。

再看一个例子：

```
echo "123">file1
s=$(cat file1)
echo $s
```

显示：

```
123
```

第一句是将 echo "123" 的输出改向到文件 file1，这时文件 file1 的内容是 123。
第二句是将 cat file1 的输出赋给变量 s。
第三句是向屏幕输出，显示变量 s 的内容。

3.2.3　常用命令

1. echo 命令

将结果输出到屏幕，如果加了改向操作可以输出到文件或变量。

2. shift 命令

将命令行参数左移一位，即

```
$1=$2, $2=$3 ...
```

例如，设文件 lx 的内容如下：

```
echo $1
shift
echo $1
shift
```

执行：

```
./lx a b
```

显示：

```
a
b
```

3. date 命令

data 命令可显示当前日期和时间。

4. read 命令

read 命令可接收键盘字符串到变量，按 Enter 键结束。
例如，设文件 lx 的内容如下：

```
echo "Please input you name"
read name
```

```
echo "Today:$(date +%D)"
echo "Name:$name"
```

执行：

```
./lx
```

显示：

```
Please input you name
```

执行：

```
jack
```

显示：

```
Today: 02/13/21
Name: jack
```

5. alias 命令

alias 命令可定义一个字符串为一个命令串的别名，例如：

```
alias lll="ls -l"
alias help=man
```

这时执行 lll 等效于 ls -l。执行 help 等效于 man。

6. dirname 和 basename 命令

dirname 是获取文件的目录名。basename 是获取文件的文件名。例如：

```
dirname /usr/local/apache/conf/httpd.conf
```

输出：

```
/usr/local/apche/conf
basename /usr/local/apache/conf/httpd.conf
```

输出：

```
httpd.conf
```

7. 字符串截取

截取字符串是有标志操作，这里用到的标志有 #、%、:。
设 X=1234512345.txt。
（1）# 表示从左边匹配截取，获取指定串右边的部分，如果有两个 #，则进行两次操作。

```
echo ${X#*3}
4512345.txt
echo ${X##*3}
45.txt
```

（2）% 表示从右边匹配截取，获取指定串左边的部分，如果有两个 %，则进行两次操作。

```
echo ${X%3*}
```

输出：

```
1234512
echo ${X%%3*}
```

输出：

```
12
```

（3）: 表示从指定点获取 n 个字符，即得到子串。

设 CONF=proftpd.conf：

```
echo ${CONF:0:3}
```

表示从第 0 个开始取 3 个，输出：

```
pro
echo ${CONF:3:3}
```

表示从第 3 个开始取 3 个，输出：

```
ftp
```

3.2.4　if 语句

1. 基本 if 语句

命令格式如下：

```
if [ expression ]; then
    command
fi
```

2. 完整 if 语句

命令格式如下：

```
if [ expression ]; then
    command1
else
    command2
fi
```

3.　多重 if 语句

命令格式如下：

```
if [ ex1 ];then
```

```
    command1
elif [ ex2 ]; then
    command
elif [ ex3 ]; then
    command2
else
    command3
fi
```

（1）从键盘输入并赋值给变量 s，根据 s 的值输出相应的内容。

```
read s
if [ $s == 1 ]; then
    echo "OK! 1"
elif [ $s==2 ]; then
    echo "OK! 2"
elif [ $s==3 ]; then
    echo "OK! 3"
else
    echo "error !"
fi
```

程序要求很严格，注意条件语句中的空格不能少。

（2）设文件名为 lx，内容如下，若命令的第一个参数是 v 则显示 aaaa，否则显示 bbbb。

```
#!/bin/bash
if [ $1 = 'v' ]; then
    echo "aaaa"
else
    echo "bbbb"
fi
```

其中，$1 是命令的第一个参数。

执行：

```
./lx v
```

显示：

```
aaaa
```

3.2.5　for 循环结构

命令格式如下：

```
for var in $list
do
```

```
    command
done
```

（1）读取 list 列表中的值。

```
list="12 34 56"
for x in $list
do
    echo number $x
done
```

输出：

```
number 1
number 2
number 3
```

（2）判断 /etc 下以 r 开头的文件的目录属性。

```
for x in /etc/r*
do
    if [ -d $x ]; then
        echo "$x (dir)"
    else
        echo "$x (file)"
fi
done
```

部分输出如下：

```
/etc/rc.d (dir)
/etc/rc.local (file)
```

3.2.6　while 和 until

while 是条件为真循环；until 是条件为真退出。
命令格式如下：

```
while [ expression]              #  expression 是表达式
do
    command
done
```

（1）输出 10 个数。

```
x=1
while [ $x -lt 10 ]              #  小于 10 则循环
do
```

```
    echo $x
    x=$(($x+1));
done
```

（2）使用 until 语句。

```
x=1
until [ $x -gt 10 ]              #  大于 10 则跳出
do
    echo $x
    x=$(($x+1));
done
```

其中，$(()) 是运算符，表示将 $x+1 运算后的结果送给 x。

（3）输出命令行参数，设文件名为 lx，其内容如下：

```
#!/bin/bash                      #  说明下面是 Bash Shell 程序，而不是一般的文本
count=1
while [ -n "$*" ]
do
    echo "$count $1"
    shift
    count=$(($count+1))
    #echo $count                 #  这句话被注释掉，不执行
done
```

其中，"$*" 表示所有命令行中的参数；-n 表示长度不为 0；shift 表示参数向左移动。程序中的 "#" 表示命令注释，但第一行 "#!/bin/bash" 例外，它表示要求用 /bin/bash 解析。

执行：

```
./lx aa bb cc
```

显示：

```
1 aa
2 bb
3 cc
```

3.2.7　case 语句

命令格式如下：

```
case ftp in
start)
    command ;;
stop)
```

```
    command ;;
restart)
    command ;;
*)
    command ;;
esac
```

其中，*) 是默认条件执行，即没有匹配的条件，则执行 *) 后边的语句。

例如：

```
echo " Please choose either P, D or Q"
echo " [P] print a file"
echo " [D] delete a file"
echo " [Q] quit"
read s
case $s in
P|p) echo " Now you select printing file";;
D|d) echo " Now you select delected file";;
  *) echo " Now leaving ";;
esac
```

程序运行后，先显示 echo 的输出，接下来要求键盘输入并给变量赋值，其中"P|p"是或的意思，即输入大写 P 或小写 p 都可以。

3.2.8　Bash 中的函数

函数是 Bash 中的一个重要应用，函数中可以使用局部变量。设文件 lx 的内容如下：

```
#!/bin/bash                  # 说明是 Bash Shell
x=aaa                        # 为变量 x 赋值 aaa
 myfunc() {                  # 定义一个函数
local x                      # 函数中定义局部变量 x
local myvar="one two three"  # 函数中定义局部变量 myvar
for x in $myvar              # 循环结构
do                           # 循环起始标志
echo $x                      # 循环体
done                         # 循环结束标志
}                            # 函数结束
myfunc                       # 调用函数
echo $x                      # 输出变量 $x 的值
```

执行：

```
./lx
```

输出：

```
one
```

```
two
three
aaa
```

本例函数中使用的变量用 local 定义，属于局部变量，在函数内部的赋值不会影响函数外边定义的值，最后 x 的值是 aaa。如果去掉函数中的 local，x 会怎样呢？这时 x 最后应该是 three。

再看一例，将函数参数 $1 指定文件中的小写字母变成大写字母，写入以 $1.out 为文件名的文件中。

先在命令行上进行实验，写一个小文件，名为 txt，内容为 Hello Maray。

```
tr a-z A-Z <txt >txt.out
cat txt                # 显示原文件内容
cat txt.out            # 显示输出的文件内容
```

写成函数时，编程如下：

```
#!/bin/bash
cfile(){,               # 定义一个函数
tr a-z A-Z <$1 >$1.out
}
echo $1                 # 显示命令行的第一个参数
cfile txt               # 函数的调用，txt 是函数内的 $1
cat $1                  # 显示原文件的内容
cat $1.out              # 显示函数生成文件的内容
rm txt.out -f           # 删除生成的文件
ls tx*                  # 显示 tx* 文件列表，"*"是通配符
```

系统函数 basename 和 dirname 的应用：

```
#!/bin/bash
odir=`dirname /mnt/aa.bat`          # 取得目录名
echo $odir                          # 输出显示
oname=$(basename /mnt/aa.bat)       # 取得基本文件名
echo $oname                         # 输出显示
```

3.3 Awk 语言介绍

Awk 是一种名称很奇特的优秀语言，适用于文本处理和报表生成，Awk 的语法较为常见。技术上 Awk 比 Bash 更早创建。

Awk 有丰富的运算符，除了标准的加、减、乘、除运算符，还有指数运算符 ^（a^=2）、模运算符 %（余数 b%=4）和增减运算（i++、j--、a+=2、b*=2、c/=2、d-=2）等。

Awk 命令格式如下：

```
awk'{ command }' filename
```

在 Awk 中，大括号中是命令程序，类似于 C 语言，执行时对指定文件中的每一行进行操作，是一个隐含的循环，循环的次数是文件的行数。为了说明问题，先设一个名为 txt 的文本文件，其内容如下（第一行为空）：

```
a1:a2:a3:a4 ;a5;a6
b1:b2:b3:b4 ;b5;b6
c1:c2:c3:c4 ;c5;c6
d1:d2:d3:d4 ;d5;d6
```

执行以下命令：

```
awk '{ print $0}' txt
```

$0 是文件的每一个整行，此命令将输出文件的所有行。

由于 print 默认的就是 $0，所以也可以省略 $0，等效于：

```
awk '{ print}' txt
```

如果指定打印内容，则按要求输出文件的每一行。例如：

```
awk '{ print "awklx" }' txt
```

此命令将对文件 txt 中每一行都输出 awklx。

因为没有要求输出指定行的部分，每行的操作都是输出这一常量字符串。

输出结果：

```
awklx       #  此行对应 txt 文件中的第一个空行
awklx
awklx
awklx
awklx
```

由此可见，Awk 主要是对文件的每一行进行操作，如果没有文件会怎样呢？它会要求从键盘输入，例如：

```
awk '{ print "awklx" }'
```

每按一次 Enter 键就输入一个空行，对应每一行都输出：

```
awklx
```

按 Ctrl+C 或 Ctrl+D 组合键结束。

现已对 Awk 做了基本的介绍，下面进一步讨论 Awk 的特点与应用。

3.3.1　变量

1. 数值变量

Awk 允许执行整数和浮点运算。例如，要计算文件的行数，可以用下面的语句：

```
awk 'BEGIN { X=0 }
```

```
{ X=X+1 } { print "aa "  X  "bb"}
END { print " I found " X " lines. "}' txt
```

显示：

```
aa 1 bb
aa 2 bb
aa 3 bb
aa 4 bb
aa 5 bb
I found 5 lines.
```

BEGIN 模块只在开始执行一次，这里对 X 进行初始化，X=0。

中间循环体对文件的每一行进行操作，循环次数是文件的行数。

END 模块是最后要执行的一次。

2. 字符串化变量

awk 变量在内部都是按字符串形式存储的，例如：

```
awk '{x="1.1" ; x=x+1 ; print x}'
```

按两次 Enter 键后，输出：

```
2.1
```

按 Ctrl+C 组合键返回命令行。

在将字符串值 1.1 赋值给变量 x 后，仍然可以对它进行加 1 操作。而 Bash Shell 不能这样做。

Bash Shell 的加 1 操作是：

```
x=$(($x+1))
```

3. 字段分隔符 FS

FS 是系统内置变量，保存字段分隔符或字符串，默认是一个空格，也可设置为其他值，如 FS=":" 表示用 ":" 作为分隔符，分隔后第一段为 $1，第二段为 $2，第三段为 $3，而 $0 表示整行。

例如，对每行的第一个字段加 1（非有效数字按零处理）可以写成：

```
awk '{FS=":"}{ print $1+1 }' txt
```

或

```
awk -F:'{ print $1+1 }' txt
```

上面两条命令是两种句法，差别在于如何设置字段分隔符。字段分隔符可通过设置 FS 变量实现，或在命令行上向 Awk 传递 -F: 来设置 FS。

OFS 是输出的段间分隔符，默认是一个空格。

4. 记录分隔符 RS

RS 是系统内置变量，是划分记录的标志，可以是字符或字符串，默认是回车符 \n，即默认一行一个记录。也可以设置为其他值,如 RS="" 则表示以空格作为记录的分隔标记。

ORS 是输出的记录分隔符，默认是回车符 \n。如果要在输出间加一个空行，可以设置双回车 ORS="\n\n"；如果要在输出行间加一条线，可以设置 ORS="\n------------\n"。

5. 字段数量 NF

NF 是一行所分隔字段的数量。例如：

```
awk -F: ' NF==3 {print "this record has three fields: " $0}' txt
```

其中，NF==3 是条件，即在第三个字段时执行。

6. 记录号 NR

NR 是记录号（首行是 1）。例如：

```
awk -F: ' (NR<3)||(NR>3) {print "OK! " $0}' txt
```

或

```
awk -F: ' NR<3||NR>3 {print "OK! " $0}' txt
```

其中，|| 表示"或"。
另一写法如下：

```
awk -F: '{ if (NR <3||NR>3){print"ok!" $0}}'txt
```

3.3.2　显示文件中指定分段内容

设有一个文件名为 txt，内容如下：

```
a1:a2:a3:a4 ;a5;a6
b1:b2:b3:b4 ;b5;b6
c1:c2:c3:c4 ;c5;c6
d1:d2:d3:d4 ;d5;d6
```

输入以下操作命令：

```
awk -F":" '{ print $1 "" $3 }' txt
```

输出第一和第三分段内容，中间有一个空格，输出如下：

```
a1 a3
b1 b3
c1 c3
d1 d3
```

现举一个实用的例子，即显示 /etc/passwd 文件中的用户名和用户 ID。用户名和用户 ID 位于用户记录的第一和第三个字段，所以可写为

```
awk -F":" '{ print "username: " $1 "\t\tuid:" $3 }' /etc/passwd
```

输出如下：

```
username: root          uid:0
username: shutdown      uid:6
username: sync          uid:5
username: bin           uid:1
```

命令中的 /t/t 是输出两个 Tab 键的间隔，让输出对齐。

3.3.3 显示文件特定行指定段的内容

所谓特定行，是指符合条件的行。

Awk 提供了完整的比较运算符集合，包括 ==、<、>、<=、>= 和 !=。另外，Awk 还提供了 ~ 和 !~ 运算符，分别表示"匹配"和"不匹配"。它们的用法是在运算符左边指定变量，在右边指定规则表达式。

（1）

```
awk 'BEGIN {FS=":"} {if ($1=="b1") {print $3}}' txt
awk '      {FS=":"} {if ($1=="b1") {print $3}}' txt
awk '      {FS=":"} $1=="b1" {print $3}' txt
awk -F: ' $1=="b1" {print $3}' txt
```

以上四条命令的运行结果一样，用 ":" 作分隔符，如果第一列 $1 等于 b1，则输出第三列的内容。

第一个命令，采用 BEGIN 结构，使 FS=":" 执行一次。

第二个命令，没有 BEGIN，对 txt 的每行都顺序执行一次，相当于多次运行 FS=":"。

第三个命令，采用简略的条件句法格式。

第四个命令，在命令行上通过 "-F:" 参数设置 FS。

（2）

```
#awk -F: ' $1~"b1" {print $3}' txt
#awk -F: ' $1 !~ "b1" {print $3}' txt
#awk -F: ' {if ($1 !~"b1") {print $3}}' txt
awk -F: '$0 !~ "c2" {print $1 $3 " " $0}' txt
```

第一个命令是如果第一列中包含 b1，则输出本行的第三分段内容。

第二个命令是如果第一列中不包含 b1，则输出本行的第三分段内容。

第三个命令与第二个命令输出相同，但使用的句法不相同。

第四个命令是如果整行 $0 中不包含 c2，则输出第一、第三分段和全行内容。

（3）

本例是嵌套的条件 if 语句示例（与 C 语言类似）。

```
awk 'BEGIN {FS=":"}
```

```
{if ($1=="b1") {if ($2=="b2") {print "yes"} else {print "no"}}
else
if ($1=="c1") {if ($2=="c2") {print "ok"} else {print "not"}}
}' txt
```

输出：

```
yes
ok
```

3.3.4　多条件语法

Awk 允许布尔运算符 ||（逻辑或）和 &&（逻辑与），例如：

```
#awk -F: '(NR<3)||(NR>3) {print}' txt
#awk -F: '{if (NR<4&&NR>2) {print}}' txt
```

其中，-F: 表示用 "：" 作为分隔符，与 FS=":" 等效，变量 NR 是记录号，输出 $0。
第一句显示 txt 文件中小于 3 并且大于 3 的行，即只有第三行不显示。
第二句显示 txt 文件中小于 4 并且大于 2 的行，即只显示第三行。

3.3.5　多行记录的结构

在正确设置字段分隔 FS 变量后，可以分析几乎任何类型的结构化数据，但要求数据是每行一个记录。

如果要分析占据多行的记录，仅依靠设置 FS 是不够的。需要修改 RS 记录分隔符变量以读取和处理结构化数据。设学生信息表文件 student.txt 的内容如下：

```
name1
age1
addr1
name2
age2
addr2
```

Awk 将每 3 行看作一个记录，每行是一个字段，分别为 $1、$2、$3。
设置字段分隔符 FS="\n"，即每行一个分段（默认是空格）。
设置记录分隔符 RS=""，即用空行区分每个记录（默认是回车符）。
设练习程序 lxa 的内容如下：

```
awk 'BEGIN {FS="\n" ; RS="" ; print  ""  }
{print $1 "," $2 "," $3}
END {print "" }' student.txt
awk 'BEGIN {FS="\n" ; RS="" ; OFS="|" }
```

```
    {print $1, $2, $3}
    END {print "" }' student.txt
awk 'BEGIN {FS="\n" ; RS="" ; OFS=" | " ; ORS="\n-----\n"}
    {print $1, $2, $3}' student.txt
```

用 vi 编辑 lxa 的内容如图 3-1 所示。

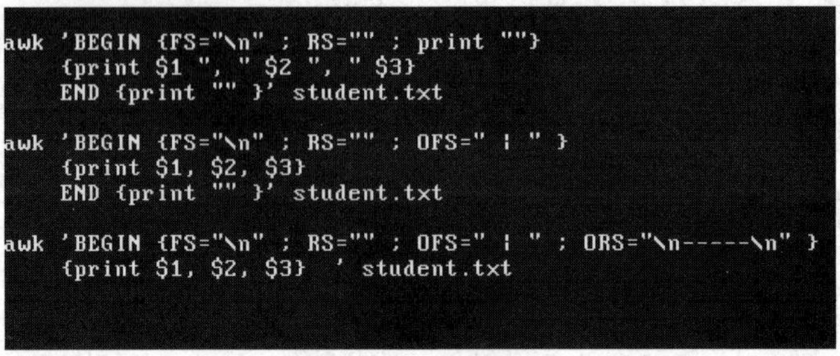

图 3-1   用 vi 编辑 lxa 的内容

BEGIN 和 END 中的 print 语句是让程序输出一个空行，一个 print 语句输出一行。
第一段程序使用默认的输出分隔符 OFS（空格），在输出程序中写入间隔字符串 ","。
第二段程序使用设置的输出分隔符 OFS 为 "|"，输出记录用 "|" 分开。
第三段程序设置记录分隔字符串 ORS 为 "\n-----\n"，输出记录间有一条横线。
执行这个 Awk Shell 程序：

```
./lxa
```

输出结果如图 3-2 所示。

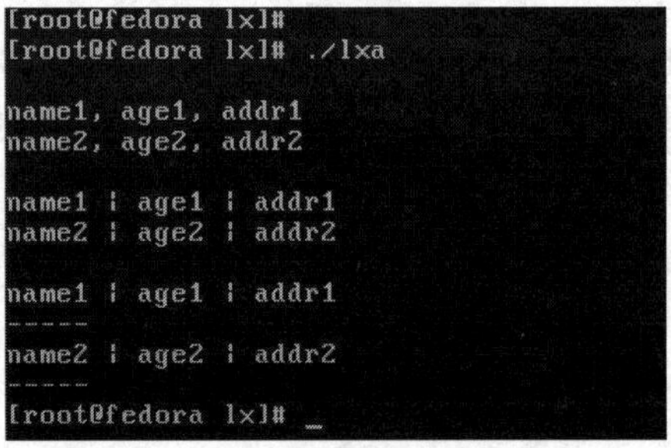

图 3-2   Awk Shell 程序的输出结果

上面程序输出数据的三个字段，如果有第四个字段就丢掉，为了适应不定长的字段数，可以用以下程序，其中 NF 是字段数。

```
awk 'BEGIN {FS="\n" ; RS="" ; OFS=" | " ; ORS=""; print"\n"}
{x=1;
while (x<=NF){print $x "\t";x++}
print "\n"
}
END {print "\n\n"}  ' student.txt
```

因为分隔符 FS 是回车符，所以变量 x 是字段编号。由于输出语句中只有一个变量，所以 OFS 无效。

程序读 student.txt 的每一行，没有找到记录分隔符时，继续读下一行，当找到记录分隔符时，进入主循环体，主循环体的次数是记录数。

每个主循环中包括一个 while 循环，内循环的次数是每个记录中的字段数，完成一个记录所有字段的输出，$x 表现为 $1、$2、…、$NF，/t 是用 Tab 键做间隔。

输出每个记录最后一个字段后，输出一个换行，在程序的最后再输出两个空行。

程序输出如下：

```
name1   age1   addr1
name2   age2   addr2
```

3.3.6　循环结构

1. do...while 示例

```
awk '{ count=0
do {  print "abcd"; count++ }
while ( count != 3 )
}'
```

每按一次 Enter 键输出三行 abcd，即

```
abcd
abcd
abcd
```

do...while 是先执行程序后进行判断，所以循环体至少执行一次，按 Ctrl+C 组合键退出。

2. for 循环

```
awk '{for ( x = 1; x <= 3; x++ ) {print "lx", x}
{print "end" }
}'
```

按 Enter 键后输出：

```
lx 1
lx 2
lx 3
end
```

按 Ctrl+C 组合键结束程序，返回命令行。

3. break 和 continue 语句

```
while (1) { print "-------"}
```

因为 1 永远代表是真，所以这是一个死循环。

下面是一个应用 break 的例子，循环执行 10 次后跳出循环。

```
awk '{x=1
while(1) {
    print "lx", x
    if ( x == 10 ) { break }
    x++}
}'
```

break 语句用于"跳出"循环体，执行循环体后面的语句。

请看下面的程序：

```
awk '{x=1
while (1) {
    if ( x == 4 ) { x++ ; continue }
    print "lx", x
    if ( x > 20 ) { break }
    x++}
}'
```

按 Enter 键输出 "lx 1" 到 "lx 20"，但 "lx 4" 除外，因为当 x=4 时，短路，跳到循环体开头。

下面是 continue 语句在 for 循环中的应用。

```
awk '{for ( x=1; x<=21; x++ ) {
    if ( x == 4 ) { continue }
    print "lx", x}
}'
```

按 Enter 键后输出 "lx 1"~"lx 20"，但 "lx 4" 除外。

在 while 循环中，需要人为设置增量 x，而 for 循环会自动增加 x。

3.3.7　数组

1. 数组下标

Awk 数组下标通常从 1 开始，例如：

```
myarray[1]="lx"
myarray[2]=123
```

第一个赋值语句将创建 myarray 数组，并将元素 myarray[1] 赋值为 "lx"。

第二个赋值语句后，数组就有两个元素了。

下面是一段数组程序：

```
for ( x in myarray ) {
    print myarray[x]
}
```

此时 x 是取得的数组下标，for 循环使用 "in" 的形式。输出数组 myarray 中的每一个元素。由于 Awk 是 "字符串化" 的，字符串和数字型都可以执行运算。例如：

```
myarr["1"]="zk"
print myarr["1"]
print myarr[1]
```

Awk 将 myarr["1"] 和 myarr[1] 指向同一个元素。最终数组下标是以字符串的形式存储的。

```
myarr["name"]="zk"
print myarr["name"]
```

输出：

```
"zk"
```

可见 Awk 可使用字符串下标。

数字下标不要求连续，如可以定义 myarr[1] 和 myarr[1000]，但不定义其他所有元素。

2. 删除数组元素

可以删除数组元素。例如：

```
delete myarray[1]
```

3. 举例

（1）要查看数组某个元素时，可以用 "in" 布尔运算符，看下面一个综合例子：

```
awk 'BEGIN {myarray[1]="lx"; myarray["1"]="lxx" ;
           myarray[2]=123;  myarray["aa"]=456 }
     {for (x in myarray) {print myarray[x]}}
     {print myarray[1], myarray["1"], myarray[2], myarray["aa"] }
     {if ("aa" in myarray){print "ok! there."}else{print "not find it."}}'
```

输出：

```
lxx
123
456
lxx lxx 123 456
ok! there.
```

【注意】 myarray[1]=myarray["1"]，x 是数组的下标。

（2）在设置防火墙参数时，经常通过 Shell 程序读取配置文件。

假设 fire.conf 的内容如下：

```
outside=eth0
inside=eth1
dmz=eth2
eth0ip=133.0.0.1
```

```
eth1ip=10.66.1.200
eth2ip=10.65.1.200
denyip=133.0.0.8
allow_tcp_port=1 7 9 15 107
allow_tcp_port=7 9 19 22 107
```

设防火墙程序文件为 firewall，它启动时从 fire.conf 文件中读取有关参数，这样当要修改防火墙的一些操作，只要修改 fire.conf 就可以了。下面是 firewall 读出配置文件 fire.conf 中配置信息的语句（以读取内部网 IP 地址为例）：

```
ip1=`grep eth1ipfire.conf|awk -F= '{print $2}'`
```

用 grep 提取 fire.conf 中的关键字 eth1ip，再用 awk 提取 = 后边的值，-F= 表示分隔符是 = 号，$2 是取 = 后边的值，语句中 `（单撇号）是求值符。

【注意】 例句中第一个 = 是赋值等号，第二个 = 是定义的分隔符。

也可以用下面语句读出 fire.conf 中内部网的 IP 地址：

```
ip1=`awk -F= '$1=="eth1ip" { print $2 }' fire.conf`
ip1=$(awk -F= '$1=="eth1ip" { print $2 }' fire.conf)
```

这两句的结果是一样的，一个用的是 `"单撇号"，另一个用的是 $()（求值符）。

还可以用下面语句读出 fire.conf 中内部网的 IP 地址：

```
ip1=$(grep eth1ipfire.conf)
ip1=${eth1ip#*=}
echo $ip1
```

第一句的变量 eth1ip 得到了 fire.conf 中 eth1ip 所在行的整行内容。

第二句从 eth1ip 中取出 = 后边的 IP 地址。其中，# 取 *= 后边的部分并赋给 eth1ip（字符串截取）。

第三句是输出显示。

这种读法没使用 Awk，而是使用的 Bash Shell，# 是截取字符串标志，*= 中的 * 是通配符，而 *= 表示 = 前的字符串要被丢掉，或者说取得后边的子串。

当要修改防火墙参数时，只要修改配置文件的内容就可以了，而不用改 Shell 程序，配置文件可以用多种方式进行修改，包括用 ssh 或 Web 的方式进行修改，以 Telnet 进入系统并修改是管理员的操作，以 Web 的方式修改往往是开发者向用户提供的一种比较方便的操作方式。

本 章 小 结

本章介绍的是 vi 编辑器和 Shell 编程。vi 是 UNIX 类操作系统中通用的编辑器，Linux 是一种类 UNIX 的操作系统，所以也采用 vi 编辑器，在 Windows 平台操作的人可能开始不够适应，但经过一段时间的学习后就会习惯。学习 vi 不是要掌握它的所有操作，作为一种工具，能够得心用手地用它编辑文件就可以了。

　　Linux 的 Shell 很多，系统默认的是 Bash Shell，本章讲解了其常用命令和语法结构，并通过一些实例说明了其用法，给读者以参考。

　　本章还介绍了 Awk 语言的特点，它也是一种 Shell，Awk 的特点是文件操作功能强大，如对文件分段、检索等很方便。

习　题

一、简答题

1. 如何显示当前系统的搜索路径并将 /mnt/li 目录加入搜索目录中？

2. 在 vi 编辑器中，如何建立和复制一个文本块？

3. 设命令为 mycmd a b c，请问 $0、$1、$2、$3 和 $* 等于什么？

4. 写出在 Bash Shell 中，设置 x=2，x=x+1，输出 x 的命令行。

5. Awk 语言的特点是什么？

6. Awk 语言中内置变量 FS、OFS、RS、ORS、NF、NR 的含义和默认值是什么？

二、操作题

1. 编写一个 Bash Shell 程序，要求：建立一个名为 lx 文件，授予执行权，当命令行参数为 v 时，输出 yes，否则输出 no。

2. 编写一个 Awk Shell 程序，名为 wk，要求：建立一个四行且每行包含两个三分段的文本文件分段符为"："，当第二分段为"25"时，显示第一分段和第三分段的内容。

第 4 章　Linux 常用服务

- Telnet 服务；
- Samba 服务；
- Apache Web 服务；
- DNS 域名解析服务；
- FTP 服务。

4.1　远程登录服务

Linux 有两种常见的远程登录方式，即 Telnet 和 ssh，它们都是用于远程管理的。前者是传统的远程登录方式，后者是常用的系统远程登录方式，前者采用明码传输，后者采用加密方式传输，加密方式比明码方式安全性高。

Telnet 服务使用 TCP 23 端口，ssh 服务使用 TCP 22 端口，要启动相应的服务，可以使用 ntsysv（或在图形方式下用 system-config-services）命令进行设置，如果要查看当前系统中是否已经启动了相应的服务，可以使用 netstat -ant 命令，如果显示有 23 端口，说明 Telnet 服务启动了，如果显示有 22 端口，说明 ssh 端口启动了。

1. Telnet 服务

Telnet 服务默认是关闭的，这是传统的远程登录服务，由于是明码传输，多数是在室内进行调试系统用。

启用 Telnet 服务，需要修改 /ect/xinetd.d/telnet 文件，操作如下：

```
vi /etc/xinetd.d/telnet
```

修改：

```
disable=no
```

此选项的默认值为 disable=yes，修改为 disable=no 后，表示允许 Telnet 远程访问。

在默认情况下，Telnet 服务中不允许使用 root 用户，如果想在 Telnet 服务中使用 root 用户，需要修改 /etc/pam.d/login 文件，注释掉其中的 pam_securetty.so（如 # pam_securetty.so）或将 /etc/securetty 文件改名，操作如下：

```
mv /etc/securetty /etc/securetty.back
```

telnet 集成在 xinetd 中，所以运行 ntsysv，选中 [*] xinetd 和 [*]Telnet。

这是开机启动，手动启动 Telnet 服务的操作如下：

```
service xinetd restart  # 除 restart 外，还有参数 stop、start、status
```

远程登录命令：

```
telnet <ipaddress>
```

或

```
telnet<hostname>
```

telnet 127.0.0.1 或 telnet localhost 是登录本机。

用 Telnet 远程登录时提示输入用户名，一般是先用普通用户登录，通过 su 命令切换到 root。如果用 su - 命令切换到 root，则环境变量也跟着改变。

例如，在 Windows 系统中通过 Telnet 登录 Linux，选择"开始"→"运行"命令，输入 cmd 出现命令行窗体，如图 4-1、图 4-2 所示。

图 4-1　Windows 中的 cmd 命令界面

图 4-2　telnet 成功访问界面

在登录前先用 ping 命令测试网络是否通畅，然后使用 telnet 命令登录。

2. ssh 服务

ssh 是使用密码传输的远程登录方式，具有较好的安全性，ssh 使用的是 22 端口，ssh 的守护进程是 sshd。系统默认是开启的，如果用命令行启动，操作如下：

```
service sshd start
```

可以通过 netstat -ant 命令查看 22 端口是否存在，也可以使用 ps -ax|grep ssh 命令查看进程。如果 ssh 服务确认已经启动，则可以进行远程登录。操作命令如下：

```
ssh<ipaddress>
```

或

```
ssh<hostname>
```

如果要停止 ssh 服务，可以使用命令：

```
service sshd stop
```

可以使用 ps -ax|grep ssh 命令查看进程号，再用 kill 命令结束进程，也可以通过 ntsysv 命令控制开机启动，再重新启动 reboot 系统。

实际中在 Windows 系统登录 Linux 比较多见，Windows 中有 Telnet 客户端，可以直接用，但没有 ssh 客户端，需要使用第三方提供的软件。

可见 Telnet 使用简单方便，而 ssh 安全性高，但要求有专用的登录软件，如图 4-3 所示为远程登录软件 PuTTY。

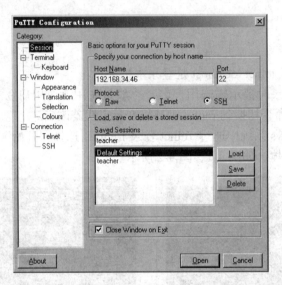

图 4-3　远程登录软件 PuTTY

使用 PuTTY 软件时，在 Host Name 处填写 IP 或主机名，选择使用的服务，端口会自动变化。在 Saved Sessions 框填写会话标识，可以保存、取出或删除。例如，将如图 4-3 所示的 IP 保存为 teacher，则下次单击 Load 按钮就可以取出教师机的 IP。

Linux 6.x 以前的版本是在 /etc/inetd/services 目录下用一个文件管理多个服务。

Linux 7.0 以后的版本是在 /etc/xinetd.d 目录下用多个文件管理多个服务。

4.2　Samba 原理与应用

4.2.1　Samba 的由来

Windows 利用 SMB（server message block，服务消息块）协议实现了操作系统间文件和打印机的共享，而 Linux Samba 利用 SMB 协议实现了 Linux 和 Windows 系统间的资源共享。Samba 是一组基于 SMB 协议的软件，由澳大利亚人 Andew Tridgell 开发，Samba 将 SMB 搬到了 UNIX/Linux 中。

SMB 协议是局域网共享文件和打印机的一种协议，它是微软和英特尔在 1987 年制定的，作为 Windows 的文件共享协议，SMB 使用了 NetBIOS 接口。

NetBIOS 是实现"网上邻居"的基础，它是 IBM 开发的在 PC-DOS 上的网络软件接口，但没有规定实际用来传送数据的网络协议。微软为了实现"网上邻居"的应用，根据 NetBIOS 和 SMB 开发了 NetBEUI 协议，并最早应用于 Windows group 上，因此说 NetBEUI 是基于 NetBIOS 的协议。而 SMB 协议是 NetBEUI 协议的核心技术。

Samba 的共享一般来讲是不能通过路由器的，但当 Samba 使用 NetBIOS over TCP/IP 技术时，通过使用 IP 隧道技术可以实现对不同网络段的访问。微软将 SMB 和 NetBIOS over TCP/IP 的结合重新命名为 CIFS（common Internet file system，公共互联网文件系统），并努力使其成为 Internet 的一个文件新标准。

4.2.2　Samba 的组成

Samba 服务由 smbd 和 nmbd 两个守护进程组成，其中 smbd 是 Samba 的核心，负责建立对话、用户验证以及提供文件和打印机共享服务。而 nmbd 主要是实现网络浏览，为能实现在 Windows 的"网上邻居"中看到 Linux 的共享资源以及提供广播服务，nmbd 还提供 WINS（Windows Internet name server，Windows 网络名称服务），这是穿越路由器所必需的服务。

Samba 服务的配置信息保存在 smb.conf 文件中，具体内容在后面讨论。

为了较好地实现共享功能，Samba 还提供了一些应用功能。

1. smbclient

smbclient 是一个类似于 FTP（file transfer protocol，文件传输协议）的 Samba 服务的客户端应用程序，以命令行的形式工作，有很多命令，实现目录文件管理，得到数据和送出数据。要注意的是 smbclient 访问的是 Samba 的共享资源，而 FTP 客户访问的是 FTP 服务器提供的资源。

smbclient 是一个客户工具，用它可以登录远程 Samba 服务器。其命令格式如下：

```
smbclient [option] servername
```

参数说明如下。

servername：提供共享资源的远程主机，远程主机名可以用 [–I <IP>] 表示。

option：-L 是列表查看共享资源；-N 是空口令；-U 是用户名。

查看共享资源（设 Windows 主机名是 ks）：

```
smbclient -L //ks -N
smbclient -L //ks -U  root
```

连接共享资源：

```
smbclient //ks/linux -U root
```

或

```
smbclient \\\\ks\\linux -U root
smb:\>dir
```

成功执行 smbclient 命令后就会进入 smbclient 环境，会出现提示符 smb:\>。

输入 ? 或 help 可以得到帮助（与 FTP 操作类似），常用命令如下。

dir：可以看目录。

q：退出 smbclient 环境。

get filename：将指定远程目录文件 filename 下载到当前目录上。

put filename：将当前本地目录文件 filename 上传到远程目录上。

当在 Windows 服务器上安装 VMware 时，会在“网上邻居”的“属性”中增加两个连接方式，分别为 VMware Network Adapter VMnet1 和 VMware Network Adapter VMnet8，这时如果 Linux 与 Windows Server 连接，建议禁用这两个连接方式，或用 IP 地址代替主机名。对于下面的 smbmount 也是如此。

由于一般系统管理员使用的都是 root 用户，所以可以省略用户名，即

```
smbclient //192.168.34.48/linux
smb:\>
```

2. testparm

testparm 用于测试 Samba 服务器配置文件 smb.conf 的正确性，同时可以看到 SMB 的共享资源，如图 4-4 所示。

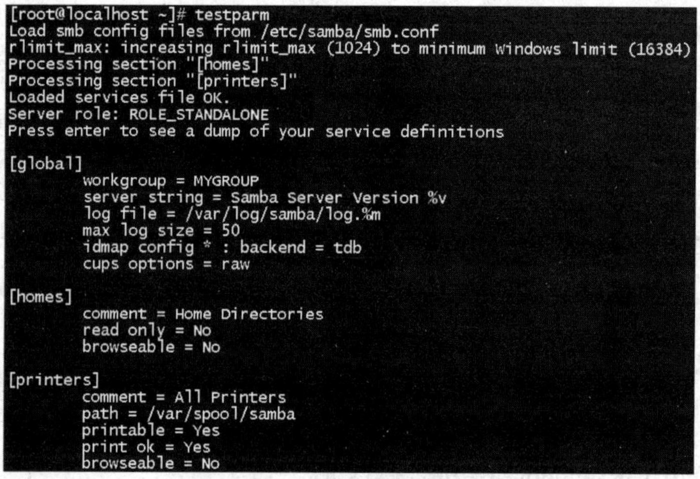

```
[root@localhost ~]# testparm
Load smb config files from /etc/samba/smb.conf
rlimit_max: increasing rlimit_max (1024) to minimum Windows limit (16384)
Processing section "[homes]"
Processing section "[printers]"
Loaded services file OK.
Server role: ROLE_STANDALONE
Press enter to see a dump of your service definitions

[global]
        workgroup = MYGROUP
        server string = Samba Server Version %v
        log file = /var/log/samba/log.%m
        max log size = 50
        idmap config * : backend = tdb
        cups options = raw

[homes]
        comment = Home Directories
        read only = No
        browseable = No

[printers]
        comment = All Printers
        path = /var/spool/samba
        printable = Yes
        print ok = Yes
        browseable = No
```

图 4-4　testparm 的使用

4.2.3　Samba 的安装、运行与使用

安装 Samba 有两种方式：一种是使用 Linux 系统盘集成的 smb；另一种是采用单独的安装包。

使用系统集成的 smb 时，在安装 Linux 时选择 smb 组件，安装后运行 ntsysv 程序，这个程序设置开机运行的服务，需要将 smb [] 项选中为 smb [*]。

在调试 smb 时常用 service smb start 方式启动，或用 stop、restart。

查看启动情况：

```
netstat -ant
```

如果 smb 已启动，应该可以看到工作的 139 端口，这是 NetBIOS 服务。

也可用命令：

```
ps -ax|grep smb
```

如果看不到 smbd 的进程号，则 smb 没有启动。

对于使用单独安装包的安装方式，要从网上下载专门的 Samba 软件包。

安装 Samba：

```
rpm -ivh samba-2.2.7a-7.9.0.i386.rpm
rpm -ivh samba-client-2.2.7a-7.9.0.i386.rpm
rpm -ivh samba-common-2.2.7a-7.9.0.i386.rpm
rpm -qi samba
```

其中，-q 是查看版本选项；-i 是显示软件包的信息。

有的 Samba 安装程序是 tar 的压缩包，安装方法如下：

```
tar-xvf samba.2.2.8a.tar
cd samba-2.2.8a/source
./configure --help
./configure --prefix=/usr/local/samba  # 指定安装目录
./make
./make install
```

在 /etc/samba/smb.conf 文件中设置：

```
smb passwd file = /etc/samba/smbpasswd
```

使它指向安装目录：

```
/usr/local/samba/smbpasswd
```

为了让 smb 在开机时就启动，可以将它的启动命令加入启动脚本中。

修改 /etc/rc.d/rc.local 文件，在该文件最后添加一行：

```
/etc/rc.d/init.d/smb start
```

可以使用 vi 编辑器加入，或使用追加命令，例如：

```
echo "/etc/rc.d/init.d/smb start">>/etc/rc.d/rc.local
```

这样每当系统启动时，就会自动运行 smb 的守护进程。

建议使用 Linux 系统中自带的 Samba 服务。在安装时选中 Samba 服务，安装之后，用 ntsysv 选中 smb，表示开机就加载 smb 服务。

Samba 也可以通过 /etc/rc.d/init.d/smb 文件，用手动的方式停止、启动与重启，命令如下：

```
smb stop
smb start
smb restart
```

但这样用要进入指定的目录，或建立目录搜索，而用 service 启动服务可以在任意目录下执行，使用更方便：

```
service smb start
```

只有 Samba 用户才能使用 Samba 共享资源，而 Samba 用户必须是系统用户，建立系统用户的命令是 useradd。例如，要建立一个名为 lx 的 Samba 用户时执行：

```
useradd lx
passwd lx
smbpasswd -a lx
```

smbpasswd 是 smb 用户管理程序，用 smbpasswd --help 可以得到帮助（见图 4-5），语法如下：

```
smbpasswd -[adem s x]  username
```

参数说明如下。
-a：新增一个使用者。
-d：禁止一个使用者，会在 smbpasswd 中多出一个 D。
-e：恢复使用者。
-m：该 username 为机器代码，使用 Samba 作为 PDC 主机时使用。
-s：使用标准输入，在命令行上指定口令。
-x：从 smbpasswd 中删除使用者。

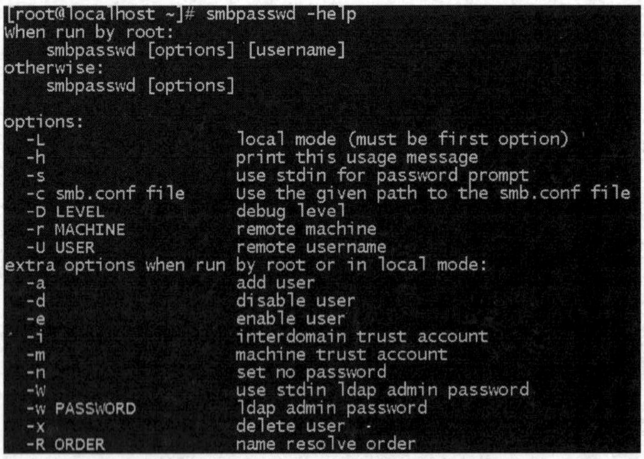

图 4-5　smbpasswd 的帮助信息

如果一切都已设置，但还是看不到 smb 的共享资源，可能是防火墙的原因，停止防火墙的操作如下：

```
setup->Firewall configuration->(*)No firewall->ok->quit
```

如果要删除 smb 用户，可以直接操作 /etc/samba/smbpasswd 文件，也可用命令：

```
smbpasswd -x u2
```

4.2.4　用 Shell 程序建立 smb 用户

结合 smb.conf 文件的设置，下面是一个建立系统用户、smb 用户、目录和授权的 Shell 程序的例子：

```
useradd -g root zk                      # 建立 zk 用户，加入 root 组
passwd zk
useradd -g root xxx-d /home/zk          # 建立 xxx 用户，加入 root 组，使用 zk 目录
useradd u1 -g uu -p `echo "<? echo crypt('u1','u1'); ?>"|php`
useradd u2 -g uu -p `echo "<? echo crypt('u2','u2'); ?>"|php`
echo -e "u1s\nu1s" | smbpasswd -s -a u1
echo -e "u2s\nu2s" | smbpasswd -s -a u2
iptables -F
service iptables stop                    # 关闭防火墙
service iptables save
mkdir /home/public                       # root 用户建立的目录，属主和属组都是 root
chown -R uu /home/public
chgrp -R uu /home/public
chmod -R 777/home/public
```

对于 /home/public 目录，令属主为 uu 用户，属组为 uu 组，让 everyone 组完全控制。useradd 的 -p 参数后跟的是加密后的口令，引用了 PHP 语言的操作。

smbpasswd 命令在 Fedora Core 4 以后的版本不支持直接加入口令，这里引用的管道是 \n，是回车符。u2s\nu2s 表示两个 us2，中间有一个回车符。

这两个命令的结合解决了用 Shell 程序一次性完成用户和口令设置的问题。

通过传递参数构成循环，可以建立更多的用户或智能的操作。例如：

```
ux="u1"
export ux
useradd u2 -g uu -p `echo "<? echo crypt(getenv('ux'),''); ?>"|php`
```

4.2.5　smb.conf 配置文件

配置 smb.conf 是学习和掌握 Samba 服务的关键技术。该文件位于 /etc/samba 目录下，可以保留一个配置好的 smb.conf 文件，在安装时将其复制到 /etc/samba 目录中，使用命令：

```
cp smb.conf /etc/samba
```

smb.conf 文件有两个部分：一个是 Global Settings，即全局配置段，设置整个系统的

全局参数和规则；另一个是 Share Definitions，即共享定义段，设置共享目录和打印机以及相应的权限。文件中的 # 和 ; 是注释标记。中括号中的内容是共享名，其中 homes 是一个特殊的共享名，其动态地映射每一个用户的用户目录。下面是 smb.conf 文件的内容节选。

```
#====================== Global Settings ==========================
# workgroup = NT-Domain-Name or Workgroup-Name
    workgroup = MYGROUP          # 指定 NT 的域名或工作组名
# server string is the equivalent of the NT Description field
    server string = Samba Server Version %v   # 服务器信息的字符串是与 NT 描绘的
                                                域等价的，主要说明服务器的用途
netbios name = MYSERVER          # 使用指定的服务器名称，不再尝试使用主机名
interfaces = lo eth0 192.168.12.2/24 192.168.13.2/24   # 配置 Samba 服务可
                                                以使用多个网络接口
hosts allow = 127. 192.168.12. 192.168.13.   # 允许访问本服务器的地址范围，可
                                                以是具体的 IP 地址，也可以是网络
  # logs split per machine
  log file = /var/log/samba/log.%m  # 指定 Samba 服务的日志文件位置及文件名，
                                        其中 %m 为访问此服务器的主机名
  # max 50KB per log file, then rotate
    max log size = 50            # 指定日志文件大小，默认为 50KB
  security = user                # 设置安全模式，默认值为 user，级别有 share、user、
                                   server、domain。share：当 guest ok=yes 时不
                                   用密码验证，访问方式为 \\ip\ 共享名；user：要
                                   求提供用户和密码在本机验证，访问方式为 \\ip；
                                   server：指定服务器进行用户和密码验证；domain：
                                   指定域服务器进行用户和密码验证
  passdb backend = tdbsam        # 设置后端存储用户信息的方式，分为 tdbsam 和
                                   ldapsam 两种。默认值为 tdbsam，该方式是使用一个
                                   数据库文件来建立用户数据库，数据库文件为 passdb.
                                   tdb，默认在 /etc/samba 目录下，passdb.tdb 用户
                                   数据库可以使用 smbpasswd -a 来建立 Samba 用户，
                                   不过要建立的 Samba 用户必须先是系统用户
wins support = yes               # 允许 Samba 的 NMBD 组件使用 WINS 服务器
wins server = w.x.y.z            # 指定 server 的地址
wins proxy = yes                 # 支持 WINS 代理
dns proxy = yes                  # 支持 DNS 代理
printcap name = lpstat           # 打印机配置文件
load printers = yes              # 加载打印机
printing = cups                  # 打印机的类型，标准打印机的类型包括 bsd、sysv、
                                   plp、lprng、aix、hpux、qnx
##====================== Share Definitions ======================
[homes]
    browseable = no    # 用户可以浏览自己的家目录，不能浏览其他用户的家目录
    comment = Home Directories       # 说明信息
    writable = yes         # 用户具有自己家目录的写入权限
```

```
valid users = %S                # 有效用户
  [printers]
  comment = All Printers
  path = /var/spool/samba
  browseable = no
  guest ok = no
  printable = yes
# 下面是实验内容
[admin]                         # 共享名
path=/admin                     # 指定共享文件夹
valid users=root zk xxx         # 有效用户是 root、zk、xxx
[uu]                            # 共享名
path=/home/uu                   # 指定共享文件夹
write list = @root u1 u2        # 可以执行写操作的是 root 组和 u1、u2 用户
public=yes                      # 允许匿名用户 guest account 打印
[public]                        # 共享名
path=/home/samba                # 指定共享文件夹
guest ok= yes                   # 不提问口令，访问方式为 \\ip\ 共享名
writable=yes                    # 写允许，注意开放目录本身的写权限
browseable = yes                # 指定其他用户能否浏览该用户主目录
public=yes                      # 允许客户账号打印操作
printable = no                  # 不能打印
write list = +staff             # 指定 staff 组的用户具有写权限
```

通过以上设置，在 Windows 中应该能看到 Linux 服务器的共享资源，如果在设置中是可写，但写操作不成功，请查看目标目录的权限。

如果在 smb.conf 中设置了 netbios name = smb，在"网上邻居"中看到的是 smb 或 Linux 服务的计算机名。

当在 Windows 访问 Linux 共享资源以后，如果想以其他用户的身份访问 Linux 的共享资源，由于连接已经建立，会出现不询问用户而直接以上次登录的用户进入的情况。

实验中为了测试 smb 的工作情况，可以用命令删除连接（见图 4-6）。操作如下。

图 4-6 在 Windows 中删除连接

选择"开始"→"运行"命令，执行 cmd，进入命令行模式。

```
C:\>net use \\ip\ 共享名  /del
```

或

```
C:\>net use * /del
```

smb 服务一般用于两种情况：一种是设置共享级（share），另一种是设置用户级（user）。

用户级要在 smb.conf 文件中设置：

```
#security = share
security = user
```

访问时要求验证口令。即要求输入用户名和密码，有较好的安全性。可以访问的目录包括用户的家目录和开放的共享目录。

（1）在 Windows 中访问 Linux 共享资源时，在"开始"→"运行"中写入：

```
\\ip
```

Windows 系统弹出用户和口令对话框。验证通过后进入用户的家目录。

（2）在 Linux 中访问 Linux 或 Windows 的共享资源，在命令行操作时要提供用户和口令，命令格式如下：

```
[root@localhost 桌面]  #smbclient -L //192.168.34.147 -U administrator
```

此例中口令设置为空，通过上面的命令可以看到 Linux 或 Windows 系统中的共享资源名称，接下来可以挂载共享资源，11 为共享资源名称。

```
[root@localhost 桌面]  #smbclient //192.168.34.47/11 -U administrator
```

访问 Samba 服务器时如出现乱码，解决方法如下。

（1）如果 local 是 zh_CN.UTF-8，可做如下设置：

```
display charset = UTF-86
UNIX charset = UTF-8
cdos charset = UTF-8
```

（2）如果 local 是 zh_CN.GBK 或 zh_CN.gb2312，可做如下设置：

```
display charset=cp936
unix charset=cp936
dos charset=cp936
```

（3）修改 /etc/sysconf/i18n。

将 LANG="zh_CN.utf8" 改成 LANG="zh_CN.GB2312"。

将 locale 设置成 zh_CN.GB2312。

4.3 Apache Web 服务器

4.3.1 Apache 的由来与特点

在 Internet 上最热门的应用就是国际互联网（world wide Web，WWW），Apache 是支持超文本传输协议的 Web 服务器，Apache 的原意是 A Patchy Server，起源于 1995 年对 NCSA HTTPD（美国国家计算机中心的 Web 软件）的修补，当 NCSA HTTPD 项目休止后，出现了 Apache 论坛和以 Rob McCool 为首的 Apache group，并开发了自由软件 Apache HTTP Web。

Apache 服务器的主要特点是稳定性高，速度快，可扩展性好，开放源代码，可以免费获得和使用以及广泛用于多种操作系统上，如 Linux、FreeBSD、OS/2、Windows、NetWare 和多种版本的 UNIX 系统，已经成为非常受欢迎的 Web 服务器。互联网上使用的 Web 服务器超过半数是 Apache。

4.3.2 Apache 的安装与运行

一般 Linux 系统的安装盘中都有 Apache，只要选中 Web 选项，可以随 Linux 系统安装，也可以从官方网站下载 Apache 软件。要说明的是，Apache 软件有很多类，常用的是针对 Linux 和针对 Windows 的，对于针对 Windows 的，建议使用二进制型的；对于针对 Linux 的，建议使用 tar.gz 形式的（或 rpm 安装包的）。在已安装好的 Linux 系统服务器中安装 Apache 的操作如下。

1. 使用系统集成的 Apache

先检查机器中是否启动了 Apache，查看系统服务的端口：

```
netstat-ant
```

如果看不到 80 端口的服务，说明 Apache 没有启动，可以使用以下命令启动：

```
service httpd start
```

如果不能启动或启动不正常，建议通过"系统"→"管理"→"添加 / 删除软件"进行安装，如图 4-7 所示。

在图 4-8 中显示了系统服务的组件，其中"万维网服务器"指的是 Apache。

要启动与停止 Apache，当使用系统集成时可用操作命令：

```
service httpd start
service httpd stop
service httpd restart
```

也可以进入启动文件 httpd 所在的目录 /etc/init.d，然后执行：

图 4-7　进入"添加 / 删除软件"应用程序操作

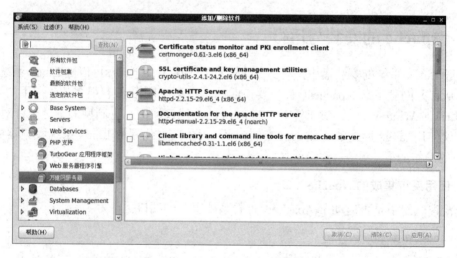

图 4-8　"添加 / 删除软件"对话框

```
/etc/init.d/httpd start
/etc/init.d/httpd stop
/etc/init.d/httpd restart
```

Apache 启动后，要查看版本信息，可用 telnet 127.0.0.1 80 命令，再按 Esc 键。系统集成的 Apache 配置文件如下：

```
/etc/httpd/conf/httpd.conf
```

查看以下内容：

```
ServerRoot "/etc/httpd"
Listen 80
```

```
ServerName www.example.com:80
DocumentRoot "/var/www/html"
DirectoryIndex index.html index.html.var
```

2. 使用单独的软件包安装 Apache

Apache 的安装包有两个系列为 1.x 和 2.x。以 1.x 系列的安装方法为例：

```
tar xvzf apache_1.3.27.tar.gz          # 解压 Apache
cd apache_1.3.27
./configure --prefix=/usr/local/apache # 预配置，指定安装目录
make                                   # 编译
make install                           # 安装
cd ...
```

根据需求修改 Apache 的配置文件：

```
vi /usr/local/apache/conf/httpd.conf
```

启动 Apache：

```
/usr/local/apache/bin/apachectl start
```

3. 使用外部安装 Apache 2.x 系列

Apache 2.x 系列在内核和设计思想方面相比 Apache 1.x 系列有较大的变化，但其工作方式和配置文件对于普通用户来讲变化不大。下面是安装方法：

```
#!/bin/bash
tar xvzf httpd-2.0.46.tar.gz
cd httpd-2.0.46
./configure --prefix=/usr/local/apache --enable-module=so --enable-
module=rewrite
make
make install
cd ...
```

其中，./configure 是安装配置命令，可以通过 --help 得到帮助：

```
./configure --help
```

下面是启动与停止命令：

```
/usr/local/apache/bin/apachectl start    # 启动 Apache
/usr/local/apache/bin/apachectl stop     # 停止 Apache
/usr/local/apache/bin/apachectl restart  # 重启 Apache
/usr/local/apache/bin/apachectl graceful # 安全重启，正常结束老进程，重新启
                                         #   动新进程
```

如果想在开机时启动 Apache，可将启动命令加入系统启动脚本中：

```
echo "/usr/local/apache/bin/apachectl start ">> /etc/rc.d/rc.local
```

Apache 启动以后，使用以下命令查看 httpd 的守护进程：

```
ps -aux|grep httpd
```

其中，参数 a 表示所有用户；u 表示用户名；x 表示所有控制台。

Linux 中有一个文本浏览器 lynx，执行方法如下：

```
lynx http://localhost
```

可以用来检查 Apahce 的工作情况，而使用 X-Window 更为直观。

也可以使用 telnet 命令检查 Apache 是否存在：

```
telnet 127.0.0.1 80
get        # 或按Esc键
```

80 端口是不支持 Telnet 的，但是可以看到 Apache servename 及版本信息，例如：

```
<ADDRESS>apache/1.3.27 Server at server.dky.net Port 80</ADDRESS>
```

这说明 Apache 已经启动，并且看到了版本信息。如果 Apache 服务没有启动则登录会被拒绝。

4.3.3 Apache 的配置文件 httpd.conf

Apache 的配置是文件是 httpd.conf。之前的版本使用多个文件，如 httpd.conf、assess.conf、srm.conf。新的版本已经将这三个文件合成一个文件，名为 httpd.conf，位于 /usr/local/apache/conf 目录下。配置文件是比较复杂的，要逐步认识，配置的内容可分成三个方面。

（1）Apache 服务器在整个运行过程中的环境变量。

（2）接口参数。

（3）虚拟主机。

可以保留一个配置好的 httpd.conf 文件，使用时用复制命令将它复制到指定的目录下，例如：

```
#cp httpd.conf /etc/httpd/conf          # linux 自带的
#cp httpd.conf /usr/local/apache/conf   # 单独安装的
```

1. DocumentRoot"/home/www/mydir"

指定主机主页的根目录，客户访问主机 IP 或域名时到此目录下找网页文件。

定义一个别名目录：

```
alias /javadir/ "/home/www/javadir/"
```

2. UserDir public_html

指定用户个人主页所在目录，默认是 public_html 目录，若设置 UserDir html，则个人主页目录 ~username 为 username/html（相对目录）；若设置 UserDir /home，则个人主页目

录 ~username 为 /home/username（绝对目录）。

访问方式如下：

```
http://ip/~username/
```

如果有 DNS 的支持，可用域名取代 IP。

注意用户目录权限：

```
chmod o+r u2
```

或

```
chmod 704
```

3．DirectoryIndex index.html index.htm default.htm index.php

定义网页引导文件类型。

4．AccessFileName .htaccess

指定使用目录访问控制的文件名。

5．TypesConfig /usr/local/apache/conf/mime.types

指定 mime 类型配置文件的位置。

6．DefaultType text/plain

当服务器用 mime.types 中的信息无法确定某个文件的 MIME 类型时，使用本指令设置的默认类型。

7．MIMEMagicFile /usr/local/apache/conf/magic

除用文件后缀判断文件类型外，还可根据文件特征判断文件类型，这里指定特征文件位置。

8．HostnameLookups Off

想将客户机的主机名用于日志记录，可启用 DNS 反查功能，但增加了系统开销。

9．ErrorLog /usr/local/apache/logs/error_log

指定错误日志文件位置和名字。

10．LogLevel warn

记录"警告信息"到 error_log。

11．ServerSignature On

客户请求的网页不存在时，显示 Apache 的版本信息、服务器的名称。

12．ScriptAlias /cgi-bin/ "/usr/local/apache/cgi-bin/"

脚本别名定义 CGI 程序目录的别名。CGI 程序通过运行得到结果。

主机别名目录如下：

```
Alias /javadir/ "/home/www/javadir/"
```

13. IndexOptions FancyIndexing

当主页请求是一个目录时，若目录没有索引文件显示目录列表，则 FancyIndexing 根据目录内文档的类型引用各种图标。

14. DefaultIcon /icons/unknown.gif

不能确定文档应该使用的图标时，就使用 DefaultIcon 定义的默认图标。

15. 指定图标的编码 AddIconByEncoding、类型 AddIconByType、后缀 AddIcon

```
AddIconByEncoding (CMP, /icons/compressed.gif) x-compress x-gzip
AddIconByType (TXT, /icons/text.gif) text/*
AddIcon /icons/binary.gif .bin .exe
```

16. ReadmeName README

```
HeaderName HEADER
```

定义帮助文件和目录索引头文件。

17. IndexIgnore .??* *~ *# HEADER* README* RCS CVS *，v *，t

在目录索引中忽略 IntexIgnore 后面的文件类型。

18. AddEncoding x-compress Z

```
AddEncoding x-gzip gz tgz
```

让浏览器对一些 MIME 类型文件进行解压操作。

19. AddLanguage en .en

```
AddCharset ISO-8859-8 .iso8859-8
```

定义适应多种国家的语言和字符集。

20. LanguagePriority en da nl et fr de el it ja kr no pl pt

定义不同语言的优先级。

21. AddType application/x-httpd-php .php

为特定的后缀文件指定 MIME 类型，这里的设置将覆盖 mime.types 中的设置。

22. #AddHandler cgi-script .cgi

定义以 .cgi 为后缀的文件为 cgi-script 类型，如果在 AliasScript 之外执行 CGI 程序，要进行此设置。

23. AddDefaultCharset GB2312

加入默认的字符设置，否则中文中会出现乱码。

24. AddType application

要支持 PHP 则加入下列几行：

```
php4 for windows:
AddType application/x-httpd-php4 .php
Action application/x-httpd-php4 "/php/php.exe"
php4.3.10 for Linux:
AddType application/x-httpd-php .php
AddType application/x-httpd-php-source .phps
```

4.3.4　Apache 目录和文件访问控制

Apache 服务器可以对目录或文件实施访问控制，可以通过以下两种方式来实现。

（1）在配置文件 httpd.conf 中进行设置，每当修改访问控制特性时都要修改配置文件 httpd.conf，每次修改 httpd.conf 后都要重新启动 Apache 服务器。

（2）在要求控制的目录中放置访问控制文件，访问控制的文件名默认是 .htaccess，也可以在 httpd.conf 中指定别的名字。这种方式比较灵活，需要访问控制时加入文件 .htaccess，不需要时删除 .htaccess 文件，不用重启 Apache 服务。

在 httpd.conf 文件中目录访问控制的语法格式如下：

```
<Directory 目录 >
```

控制指令：

```
</Directory>
```

其他控制指令有 Options、AllowOverride、allow（deny）order 等。

1. Options

Options 命令控制某个特定目录的服务特性，语法如下：

```
Options [+|-] 可选项 [[+|-] 可选项 ]
```

可选项如下。

none：所有的目录特性无效，禁止访问此目录。

all：所有的目录特性有效，用户可以在此目录下进行任何操作。

ExecCGI：允许在这个目录下执行 CGI 程序。

Indexes：当访问的目录下没有主引导文件时，显示目录文件列表。

FollowSymLinks：允许使用符号连接，可以访问通过符号连接的其他目录。

SymLinksOwnerMatch：通过符号连接的目录与连接本身为同一用户时才可访问。

Include：允许使用服务端嵌入（server side include，SSI）脚本。

IncludeNOEXEC：不允许使用 exec 形式的 CGI 功能。

2. AllowOverride

AllowOverride 语法如下：

```
Allow Override all|none| 可选项 [ 可选项 ]
```

其中，all 表示允许使用 .htaccess 文件控制；none 表示忽略访问控制文件 .htaccess 的功能设置。

可选项说明如下。

AuthConfig：允许使用 AuthName、AuthType 等针对用户的认证机制，使用用户名和口令来保护目录。

Limit：允许对访问目录的客户机的 IP 地址和主机名进行限制。

FileInfo：允许访问控制文件使用 AddType 等参数的设置。

Option：允许访问控制文件使用 option 定义目录选项。

3. allow (deny)

语法如下：

```
allow (deny) from 主机 主机
allow (deny) from all
```

单个主机名或部分主机，如 www.dky.net 或 www。

单个 IP 地址或一个网段，如 10.65.1.49 或 10.65.1/8。

4. order

控制使用 allow 和 deny 的次序，语法如下：

```
order 次序
```

可选项如下。

allow，deny：先检查 allow 权限，再检查 deny 权限。

deny，allow：先检查 deny 权限，再检查 allow 权限。

Mutal-failue：只有出现在 allow 列表里但没有出现在 deny 列表里的主机可以访问。

Apache 除了可以针对目录进行访问控制之外，还可以根据文件来设置访问控制，这就是 <file> 语句的任务。使用 <file> 语句时，不管文件在哪个目录下，只要名字匹配，就必须接受访问控制，这个访问控制对于系统安全比较重要，让所有的用户都不能访问 .htaccess 文件，这样就避免了该文件中的安全信息被客户获取。语法如下：

```
<file 文件名 > 控制指令 </file>
```

控制指令有 order、allow from、deny from。

类似地，对网址的访问控制语法如下：

```
<location 网址 > 控制指令 </location>
```

控制指令有 order、allow from、deny from、SetHandler server-status。其中，SetHandler server-status 显示网络服务目录的目前状况。

5. 使用方法

对 /home/www/mysqldb 目录要求进行用户认证。

（1）修改 Apache 的配置文件 /usr/local/apache/conf/httpd.conf，对要求访问控制的目录进行设置。例如：

```
<Directory /home/www/mysqldb>
Options Indexes FollowSymLinks
allowoverride all
order allow, deny
allow from all
</Directory>
```

参数说明如下。

Indexes：表示在没有主引导文件时显示目录。

FollowSymLinks：表示允许符号链接。

allowoverride all：表示允许使用 .htaccess 文件控制，而且允许在 .htaccess 文件中使用 AuthName 定义用户名及设置加密类型等。

order allow，deny：先允许，后禁止。

allow from all：允许所有机器或 IP 地址。

（2）在 /home/www/mysqldb 目录下建立一个 .htaccess 文件。.htaccess 文件是隐含的，要用 ls -a 命令才能看到。其内容如下：

```
AuthName " 用户验证 "
AuthType basic
AuthUserFile /home/www/.htpasswd
require valid-user
```

命令说明如下。

AuthName 命令：指定认证对话框的名称，显示给用户看。

AuthType 命令：指定认证类型，如 basic、MD5。

AuthUserFile 命令：指定存放用户名和密码的文件所在的位置。

AuthGroupFile 命令：指定用户组清单和组的成员清单的文本文件。组成员间用空格分开，如 managers:user1 user2。

require 命令：指定授权访问的用户或组。

例如：

```
require user user1 user2      # 用户 user1 和 user2 可以访问
require group students        # 组 students 中的成员可以访问
require valid-user            # 在 .htpasswd 文件中包含的用户都可以访问
```

目录控制具有继承性，如果对 /home/www 目录进行访问控制，那么其子目录都要接受目录控制。

（3）利用 Apache 附带的命令程序 htpasswd 生成密码文件 .htpasswd，具体操作如下：

```
cd /usr/local/apache/bin
./htpasswd -bc /home/www/.htpasswd user1 1234
./htpasswd -b /home/www/.htpasswd user2 5678
```

其中，参数 -b 是从命令行上读取用户和口令，不使用提示；-c 是建立文件 create。

上面命令建立了两个用户记录，即 user1 和 user2，口令分别为 1234 和 5678。这里建立的只是访问主页的用户，与系统用户无关，注意不要将此文本文件存放在 Web 文档的目录树中，以免被下载。

当访问主页时，需要验证口令，口令正确则可进入主页，否则拒绝访问。一般再次访问时不提问口令，如果需要再次提问口令，可以清除系统的口令记忆，操作为：选择"开始"→"控制面板"→"网络和 Internet"→"Internet 选项"命令，选中"内容"选项卡，单击"自动完成"按钮，可以清除口令记忆，如图 4-9 所示。

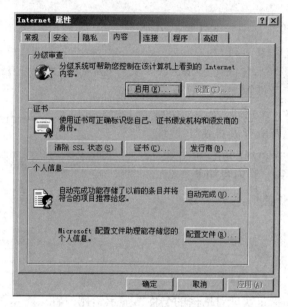

图 4-9　清除系统的口令记忆

想了解 htpasswd 程序的帮助，请执行 htpasswd -help 命令。

总结起来，实现访问控制共需三个步骤。

（1）在 /etc/httpd/conf/httpd.conf 文件中设置访问控制的目录。

（2）用 htpasswd 命令设置口令文件 .htpasswd。

（3）将 .htaccess 文件放到要访问控制的目录下。

如果修改上文中的 httpd.conf，将访问控制的目录改为 /home/www，口令文件也存放在这个目录下，并修改 .htaccess 文件中口令文件的指向，再将 .htaccess 文件复制到 /home/www 下，这时就可以对 WWW 目录下的所有目录实现访问控制。

如果不在 /home/www 目录下放 .htaccess 文件，而在子目录放入 .htaccess 文件，则含有此文件的目录就需要提供口令，而没有此文件的可以正常进入。

4.3.5　虚拟主机

虚拟主机是在一个 Web 服务器上设置多个网页，主要有以下几种。

（1）多个网页基于不同的 IP 地址，一个 IP 地址对应一个主页。

（2）多个网页基于同一个 IP 地址，但有不同的域名。

（3）多个网页基于不同的端口，默认的端口是 80，也可以使用 81、82 等端口。

浏览器默认的端口也是 80，如果使用其他端口，要在 httpd.conf 中设置 Listen 监听，例如：

```
Listen 80
Listen 81
Listen 10.65.8.1:8080
```

设置完成后，就可以在虚拟主机中使用设置过的端口，原默认的端口设置为

```
Port 80
```

写 Listen 语句时，要加上 Listen 80，否则不能访问 80 端口的主页。

下面是使用虚拟主机时修改 httpd.conf 配置文件的语法：

```
#<VirtualHost *>
#ServerAdmin webmaster@dummy-host.example.com          #  管理员邮件地址
#DocumentRoot /www/docs/dummy-host.example.com          #  主目录
#ServerName dummy-host.example.com                      #  域名
#ErrorLog logs/dummy-host.example.com-error_log         #  错误日志文件名
#CustomLog logs/dummy-host.example.com-access_log       #  客户登录日志文件
#</VirtualHost>
```

1. 基于不同 IP 地址的虚拟主机

这种情况是一个 IP 地址对应一个站点，要设置多个 IP 地址，可以使用以下命令：

```
ifconfig eth0:1 10.65.1.1 netmask 255.255.0.0
ifconfig eth0:2 10.65.1.2 netmask 255.255.0.0
```

其中，eth0:1 表示第一块网卡的第一个 IP 地址；eth0:2 表示第一块网卡的第二个 IP 地址。

将上面命令加入启动文件 /etc/rc.d/rc.local 中，则每次开机都执行。

在 DNS 中每个 IP 地址对应一个域名。下面是在 httpd.conf 中的配置：

```
<VirtualHost 10.65.1.25>
DocumentRoot /home/www/news
ServerName www.dky.net
</VirtualHost>
<VirtualHost 10.65.2.25>
DocumentRoot /home/www/google
ServerName google.dky.net
</VirtualHost>
<VirtualHost 10.65.3.25>
DocumentRoot /home/www/html
ServerName html.dky.net
</VirtualHost>
```

这种情况下的 ServerName 相当于一个说明，因为 IP 地址下只有一个域名，而这个域名

是在 DNS 中解析的，当一个 IP 地址对应多个域名时，要用这里的 ServerName 进行区别。

2. 基于同一个 IP 地址的虚拟主机

这是多个站点使用同一个 IP 地址的情况，先用 NameVirtualHost 说明要使用的 IP 地址，再在 DNS 中将多个域名指向同一个 IP 地址，例如：

```
mysql.dky.net.           IN    A     10.65.4.25
mysqldb.dky.net.         IN    A     10.65.4.25
```

下面是在 httpd.conf 中的设置：

```
NameVirtualHost 10.65.4.25
<VirtualHost 10.65.4.25>
DocumentRoot /home/www/mysql
ServerName mysql.dky.net
</VirtualHost>
<VirtualHost 10.65.4.25>
DocumentRoot /home/www/mysqldb
ServerName mysqldb.dky.net
</VirtualHost>
```

当请求一个域名时，DNS 解析成同一个 IP 地址，这个 IP 地址再到虚拟主机中匹配相应的 ServerName。然后确定目标目录 DocumentRoot。

3. 基于不同端口的虚拟主机

这种情况下的解析思路与同一个 IP 地址的情况类似，要在 httpd.conf 中设置监听的端口。例如：

```
Listen 80
Listen 81
Listen 82
NameVirtualHost 10.65.4.25
<VirtualHost 10.65.4.25:81>
DocumentRoot /home/www/mysql
ServerName mysql.dky.net
</VirtualHost>
<VirtualHost 10.65.4.25:82>
ServerName mysqldb.dky.net
</VirtualHost>
```

在 DNS 中两个域名对应同一个 IP 地址的不同端口，访问方式为 http://10.65.4.25:81 或 http://mysql.dky.net:81、http://10.65.4.25:82 或 http://mysqldb.dky.net:82。

（1）当访问 mysql.dky.net 时，DNS 将它译成 10.65.4.25，由于没有指定访问的端口，则默认为 80，在虚拟主机中匹配，并确定目标目录 DocumentRoot。若没有 Listen 80，则不能正常访问。

（2）当访问 mysql.dky.net:82 时，通过 DNS 确定 IP 地址，再到虚拟主机中匹配相应的端口。

4.4　DNS

4.4.1　DNS 的概念

　　DNS 是域名服务器，提供一种域名和 IP 地址之间相互转换的机制，使用域名的目的是方便人们的记忆和管理。

　　对于网络上的一台计算机，IP 地址是它的唯一标识，但是互联网上有很多机器，如果用 IP 地址作为访问的依据，可以想象是很不方便的，所以人们为计算机起了名字。为了对不同的机群分类，使用了很多域，每个机器都属于一个域，故而计算机有了域名，计算机的域名除了标识它的名字外还标识了它所在的域。

　　DNS 将域名转换成 IP 地址的过程，叫作正向解析，将 IP 地址转换成域名的过程叫作反向解析。要完成互联网上众多机器的转换不是一件容易的事，也不是一两个 DNS 服务器就可以办到的，需要很多的 DNS 服务器，那么 DNS 与 DNS 之间是如何工作的呢？DNS 实际上是一个建立在层次结构上的分布式数据库，是树状结构，根域位于结构的最顶端，是整个域名解析树的起点，如图 4-10 所示。

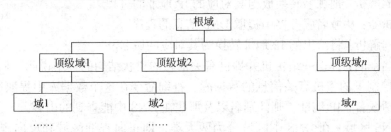

图 4-10　域名服务器 DNS 组织结构

　　从图 4-10 可以看出，顶级域实际上是第一层子域，由 NIC 直接管理，表 4-1 是一些关于顶级域的解释。

表 4-1　顶级域名

域	表　　示	域	表　　示
Com	商业组织	au	澳大利亚
Edu	教育机构	ca	加拿大
Gov	政府组织	cn	中国
Mil	军事部门	tw	中国台湾
Net	网络机构	hk	中国香港
Org	非营利性组织	in	印度
Int	国际组织	jp	日本
Uk	英国	ru	俄罗斯
Fr	法国	de	德国

在 Internet 上，计算机的域名是一种层次结构，北京电子科技职业学院的网址是 www. bpi.edu.cn，其中，cn 为中国（域）；edu 为教育网（域）；bpi 为电科院（域）；www 为 Web 主机（计算机）。

4.4.2　DNS 中的术语及求解过程

1. DNS 中的术语

（1）域：代表一部分网络的逻辑实体或组织。

（2）域名：主机名的一部分，它表示包含这个主机的域，可以和域交换使用。

（3）主机：网络上的一台计算机。

（4）节点：网络上的一台服务器。

（5）域名服务器：提供 DNS 服务的计算机，它可以实现域名与 IP 地址的相互转换。在域名服务器中保持并维护域名空间中的数据库程序，每个域名服务器含有一个域名空间子集的完整信息，并保存其他有关部分的信息。域名服务器拥有它控制范围的完整信息，控制的信息按区进行划分，区可以分布在不同的域名服务器上，以便为每个区提供服务。每个域名服务器都知道每个负责其他区的域名服务器。

（6）正向解析：把域名转换成与其对应的 IP 地址的过程。

（7）解析器：从域名服务器中提取 DNS 信息的程序。

（8）反向解析：将给出的 IP 地址转换为其对应的域名。

（9）域名空间：标识一组主机并提供有关信息的树状结构的详细说明，树上的每一个节点都有它控制下的主机有关信息的数据库。查询命令在这个数据库中提取适当的信息，这些信息包括域名、IP 地址、邮件别名以及那些在 DNS 中能查到的内容。

（10）DNS 区域：在 DNS 中区域分为两大类，即正向查询区域和反向查询区域，其中正向查询区域用于全称域名（full qualified domain name，FQDN）到 IP 地址的映射。当 DNS 客户端请求解析某个 FQDN 时，DNS 服务器在正向查询区域中进行查找，并返回给 DNS 客户端查找到的对应 IP 地址。反向查询区域用于 IP 地址到 FQDN 的映射，当 DNS 客户端请求解析某个 IP 地址时，DNS 服务器在反向查询区域中进行查找，并返回给 DNS 客户端对应的 FQDN 信息。

2. DNS 的求解过程

DNS 分为客户端和服务器，客户端向服务器端查询一个域名，而服务器端需要回答此域名对应的真正 IP 地址。首先在当地的 DNS 中查询数据库，如果在自己的数据库中没有，则会到该机上所设的 DNS 服务器中查询，得到答案之后，将查到的名称及相对的 IP 地址记录保存在高速缓存区中，如果下一次其他客户端到此服务器上查询相同的名称，服务器就不用再到别的主机上去寻找，而直接从缓存区中找到该条记录资料，传给客户端，加速客户端对名称的查询。

Internet 上的每台主机都是从某个域接入的，每个域都有一个域名服务器，负责本域计算机的域名解析。当要访问本域之外的计算机时，本域服务器不能解析，会向缓存

DNS 提交请求，如果没有则向根域提出域名解析请求，假设某客户的计算机要访问 www. dky.net 主机，一般步骤如下。

（1）客户向本地 DNS 发布请求，请求 www.dky.net 主机的 IP 地址。

（2）如果目标主机是本域的，则 DNS 服务器直接返回客户要求的 IP 地址。

（3）否则 DNS 在缓存 DNS 中分别查找 www.dky.net、dky.net、net。

（4）如果没有找到，就向根域名服务器发出请求，根域名服务器会返回 net 的 IP 地址。

（5）本地域服务器保存此 IP 地址后，向 net 服务器发出请求，得到 dky.net 的 IP 地址。

（6）本地域名服务器向 dky.net 发出请求，得到 www.dky.net 的 IP 地址。

4.4.3　本地 DNS 服务器的结构

在 Linux 中的 DNS 服务器，一般使用系统集成的。在安装 Linux 服务器时，选中 DNS 服务组件 named。

DNS 服务器既可以使用 yum install bind -y 进行安装，也可以使用第三方软件包进行安装，从 BIND（Berkeley Internet name domain）的主页下载以下三个文件：

```
Bind-contrib.tar.gz
Bind-doc.tar.gz
Bind-src.tar.gz
```

安装过程是先解压，再编译：

```
tar xvzf Bind-contrib.tar.gz
tar xvzf Bind-doc.tar.gz
tar xvzf Bind-src.tar.gz
make
make install
```

系统有两个与 DNS 有关的文件，即 resolv.conf 和 host.conf。使用 setup 设置 IP 地址时，可以设置 DNS 的 IP 地址（这个地址是用户机的指向）。设置 DNS 的 IP 地址后，会产生一个文件 /etc/resolv.conf，其内容如下：

```
domain dky.net
nameserver 10.65.1.25
nameserver 202.106.0.20
```

其中，domain 指明了要求解析的主机应该查找的域；nameserver 指出了要查找 DNS 服务器的 IP 地址。

hosts 文件是本机的域名解析文件，其中存放了主机名与 IP 地址的关系，它不能为其他机器提供服务，只能为本机提供域名解析服务。

/etc/host.conf 是 hosts 的配置文件，其定义了域名解析的次序。内容如下：

```
order hosts, bind
multi on
```

域名解析时先在 /etc/hosts 文件中搜索，然后到域名服务器中查找，这有利于提高搜索速度。

DNS 服务器的进程是 named，可以通过 ntsysv 程序设置为开机启动，在 named[] 处按空格键后出现named[*]，表示已设置为开机启动。也可以在开机后通过命令启动DNS服务：

```
service named start
```

当修改配置文件后，建议使用下面命令重新启动 DNS 服务：

```
service named restart
```

1. DNS 服务主配置文件

DNS 的主配置文件名为 named.conf，位于 /etc 目录下，在此文件中需要声明 DNS 服务监听的端口、工作目录等信息，在该文件中主要的参数有以下几个。

1）options

用于定义全局配置选项，其语法如下：

```
options {
          配置子语句1；
          配置子语句2；
          …
}
```

其常用的配置子语句主要有以下几类。

listen-on port：表示 DNS 默认监听的地址范围，默认为 localhost，即只监听本机的 53 号端口。

directory：该子语句后接目录路径，主要用于定义服务器区域配置文件的工作目录，如 /etc 等。

dump-file：指定转存储数据库的文件名及路径。

statistics-file：指定静态文件的文件名及路径。

memstatistics-file：指定内存统计文件名及路径。

recursion yes：允许递归查询。

dnssec-enable yes：允许 DNS 安全扩展。

dnssec-validation yes：允许 DNS 安全扩展验证。

dnssec-lookaside auto：后备 DNS 安全扩展。

bindkeys-file "/etc/named.iscdlv.key"：设置保存 bind 关键字的文件名及位置。

forwarders：该子语句后接 IP 地址或网络地址，用于定义转发区域，即将本 DNS 上的信息转发到指定网络或主机。

2）zone

用于声明一个区域，是主配置文件中常用且重要的部分，一般包括域名、服务器类型以及域信息源三个部分，其语法如下：

```
zone "zone_name" IN {
type 子语句；
```

```
file 子语句；
其他子语句；
};
```

区域声明中的 type 有以下三种。

（1）主（master）DNS。当 DNS 管理主区域时，它被称为主 DNS，主 DNS 是主区域的集中更新源，只有主 DNS 可以管理此 DNS 区域，这意味如果主 DNS 出现故障，辅助服务器可以应答 DNS 客户端的解析请求，标准主区域只支持非安全的动态更新。

（2）辅助（slave）DNS。在 DNS 服务设计中，针对每一个区域，建议用户至少部署两台 DNS 来进行域名的解析工作。其中一台作为主 DNS，而另外一台作为辅助 DNS，主 DNS 与辅助 DNS 的内容是完全一致的，当主 DNS 的内容发生变化后，辅助 DNS 中的记录也会进行更新。

（3）存根（hint）DNS。如果存根区域的权威 DNS 对本地 DNS 发起的解析请求进行答复，本地 DNS 会将接收到的资源记录存储在自己的缓存中，而不是将这些资源记录存储在存根区域中，唯一的例外是返回的内容为 A 记录，它会存储在存根区域中。存储在缓存中的资源记录按照每个资源记录中的生存时间值进行缓存；而存放在存根区域中的 SOA、NS 和 A 资源记录按照 SOA 记录中指定的过期间隔过期（该过期间隔是在创建存根区域期间创建的，从原始主要区域复制时更新）。

区域声明中的 file 后接文件路径，主要说明一个区域信息源的路径。

3）logging

用于定义 DNS 的日志，从而实现对 DNS 的更好管理，其格式如下：

```
logging {
        channel 存储通道名称 {
                file 日志文件；
                severity 安全级别；
};
```

logging 中的安全级别有以下几种。

critical：最严重的级别。

error：错误级别。

warning：警告级别。

notice：一般重要级别。

info：普通级别。

debug：调试级别。

dynamic：静态级别。

上述日志的安全级别中 critical 最高，dynamic 最低。

日志文件也分为两类，一类是 named.run，为调试日志；另一类是 message，为正常消息日志。

4）include

用于将其他文件包括到 DNS 的配置文件中，例如：

```
include "/etc/named.rfc1912.zones";
include "/etc/named.root.key";
```

表示将上面的两个文件包含到 named.conf 文件中。

2. 区域清单文件

DNS 的区域清单文件名为 named.rfc1912.zones，位于 /etc 目录下，主要用于声明 DNS 的区域文件，文件内容如下：

```
zone "localhost.localdomain" IN {
        type master;
        file "named.localhost";
        allow-update { none; };
};
zone "localhost" IN {
        type master;
        file "named.localhost";
        allow-update { none; };
};
zone "1.0.0.0.0.0.0.0.0.0.0.0.0.0.0.0.0.0.0.0.0.0.0.0.0.0.0.0.0.0.0.0.ip
6.arpa" IN {
        type master;
        file "named.loopback";
        allow-update { none; };
};
zone "1.0.0.127.in-addr.arpa" IN {
        type master;
        file "named.loopback";
        allow-update { none; };
};
zone "0.in-addr.arpa" IN {
type master;
file "named.empty";
allow-update { none; };
};
```

3. 正向 / 反向解析文件

1）解析文件说明

（1）SOA 记录。文件中的 @ 表示当前域，SOA（start of authority）是第一个记录，分别记录了 DNS 服务器的名字、管理员的邮件地址，部分内容含义如下。

① serial：文件的版本号。当文件同时变化时，一定要修改这个号，否则次服务器的数据不更新。

② refresh：次服务器从主服务器更新数据的时间。次服务器使用这个参数周期性地自动进行复制。

③ retry：当次服务器从主服务器更新数据时，发生了断线，等待 retry 时间后再进行数据更新。

④ expire：终止时间。次服务器重新进行更新操作时，在这个时间内仍然无法完成时，系统终止更新操作。

（2）NS 记录。NS 记录是域名服务器的资源记录，说明域名服务器的名称，本例为 server.zk.net，";" 后边是注释。

（3）MX 记录。MX 记录是邮件地址转发记录，当有邮件传送给 user@zk.net 时，如果传送不成功，就送到 MX 指定的地址。当 user@zk.net 正常时，server@zk.net 再转发给 user@zk.net。

（4）A 记录。A 记录是正向解析记录，是 DNS 域名到 IP 地址转换的记录，一个域名对应一个 IP 地址。

（5）PTR 纪录。PTR 记录是反向解析记录，是 IP 地址到主机域名转换的记录，IP 地址只写变化部分，而网络部分根据区域声明文件中的定义自动加上。

2）正向解析文件

系统默认正向解析文件的名字为 named.localhost，位于 /var/named 目录下，正向解析文件既可以使用默认的文件，也可以自己创建，但创建后，一定要在区域声明文件中进行声明后才会生效。默认的正向区域文件内容如下：

```
$TTL 1D
@        IN SOA   @ rname.invalid. (
                                        0       ; serial
                                        1D      ; refresh
                                        1H      ; retry
                                        1W      ; expire
                                        3H )    ; minimum

         NS      @
         A       127.0.0.1
         AAAA    ::1
```

建立一个域为 zk.net 的正向解析文件，文件名为 zk.zx.net。

（1）修改区域声明文件。在 Vim /etc/named.rfc1912.zones 中添加内容如下：

```
zone "zk.net" IN {
type master;
file "zk.zx.net";
allow-update { none; };
```

（2）修改正向解析文件。

```
Vim /va r/named/zk.zx.net
$TTL 1D
@ IN SOA  @ rname.invalid. (
        0       ; serial
        1D      ; refresh
        1H      ; retry
        1W      ; expire
```

```
        3H )      ; minimum
        NS        @
        A         127.0.0.1
        AAAA      ::1
@           IN        NS       server.zk.net.              ;DNS servername
@           IN        A        10.65.1.48
@           IN        MX       10      server.zk.net.      ;mail server name
server      IN        A        10.65.1.46
ftp         IN        A        10.65.1.47
mail        IN        A        10.65.1.48
www         IN        A        10.65.1.49
mysqldb     IN        A        10.65.1.50
mysql       IN        A        10.65.1.51
```

3）反向解析文件

系统默认反向解析文件的名字为 named.loopback，位于 /var/namcd 目录下，反向解析文件既可以使用默认的文件，也可以自己创建，但创建后，一定要在区域声明文件中进行声明后才会生效。默认的反向区域文件内容如下：

```
$TTL 1D
@ IN SOA  @ rname.invalid. (
                                        0       ; serial
                                        1D      ; refresh
                                        1H      ; retry
                                        1W      ; expire
                                        3H )    ; minimum
        NS        @
        A         127.0.0.1
        AAAA      ::1
        PTR       localhost.
```

结合前面的正向解析文件建立一个反向区域为 1.65.10.in-addr.arpa 的文件，文件名为 zk.fx.net。

（1）修改区域声明文件。在 Vim /etc/named.rfc1912.zones 中添加内容如下：

```
zone "1.65.10.in-addr.arpa" IN {
        type master;
        file "zk.fx.net";
        allow-update { none; };
```

（2）修改反向解析文件。

```
vim  /va r/named/zk.fx.net
$TTL 1D
@ IN SOA  @ rname.invalid. (
                                        0     ; serial
                                        1D    ; refresh
```

```
                          1H    ; retry
                          1W    ; expire
                          3H )  ; minimum
     NS      @
     A       127.0.0.1
     AAAA    ::1
     PTR     localhost.
@  IN NS   server.zk.net.
@  IN MX   10 server.zk.net.
46 IN PTR  server.zk.net.
47 IN PTR  ftp.zk.net.
48 IN PTR  mail.zk.net.
49 IN PTR  www.zk.net.
50 IN PTR  mysqldb.zk.net.
51 IN PTR  mysql.zk.net.
```

DNS 服务器配置完成后要在 /etc/resolv.conf 写入指向记录，使用 service named start 命令启动 DNS 服务，如能正确启动，用 ps -aux 命令可以在内存中看到一个名为 named 的守护进程。可以使用 nslookup、host 或 dig 命令调试 DNS 的记录，如 nslookup www.zk.net 或 host www.zk.net。

【注意】　前文中的正向/反向解析文件可以由系统中默认的正向/反向文件复制得到。

```
[root@localhost ~]# cp /var/named/named.loopback /var/named/zk.fx.net -p
[root@localhost ~]# cp /var/named/named.localhost /var/named/zk.zx.net -p
```

此外建议将 /etc/named.conf 文件中的 listen-on port 53 及 allow-query 后面花括号中的内容改为 any。

4. 从 DNS 服务器

主 DNS 建立以后，就可以进行域名解析了，但是国际互联网络信息中心（Internet network information center，InterNIC）要求一个独立域名必须至少有两台 DNS 服务器：一台是主 DNS，另一台是从 DNS。从 DNS 也叫次要 DNS 服务器，次要 DNS 服务器从主 DNS 服务器复制网络区域内的域名解析数据，当主 DNS 服务器由于某种原因不能正常工作时，次要 DNS 服务器就可以向外界提供查询服务。

1）从 DNS 配置

从 DNS 服务的配置文件 named.rfc1912.zones 与主 DNS 内容相近，只是将 named.rfc1912.zones 文件中的 type master 改成 type slave。

从 DNS 的正反向数据文件可以自动地从主 DNS 复制过来，而从 DNS 的 named.ca 文件一般是由管理员从主 DNS 复制过来的。

假设要建立一台从 DNS，域名为 main.zk.net，IP 地址是 10.65.66.66。

从 DNS 区域声明文件部分内容如下：

```
vim /etc/named.rfc1912.zones
```

```
zone "main.zk.net" IN {
        type slave;
        file "slave.zx.net";
        allow-update { none; };
};
```

2）修改主 DNS 配置

在主 DNS 服务器的正向解析文件 db.zk.net 中，说明从 DNS，即在原 NS 记录后加入一条 NS 记录：

```
NS main.zk.net
```

再加入一条 A 记录：

```
main.zk.net   IN  A  10.65.66.66
```

使其可以通过 main.zk.net 找到备份 DNS 的 IP 地址。

5. 负载均衡

对于一个访问量很大的专业网站，如果只使用一台服务器，当有多个用户访问时等待的时间就会比较长，影响访问效果，解决办法是通过多台服务器同时提供服务。

如何实现多台服务器同时支持一个网址呢？一个解决办法是通过 DNS 实现。假设有一个域名 www.zk.net，要求有两台服务器提供负载均衡服务，让这两台 WWW 服务器具有同样的主页内容和域名，每个服务器有各自的 IP 地址，在 DNS 的正向解析文件中，对一个域名 www.zk.net 解析出两个 IP 地址，即

```
www.zk.net  IN  A  10.65.1.101
www.zk.net  IN  A  10.65.1.102
```

这时如对一个域名进行访问，会随机寻找一台计算机。

验证：多次 ping www.zk.net，会交替出现定义的 IP 地址。

这种负载均衡的方法是一个域名对应多个主机。多个主机轮流接受域名的访问，使负载达到均衡。

4.5　FTP 服务器

FTP 服务器是使用 FTP 管理文件上传、下载的应用程序。使用两个端口，分别为 20（数据连接端口）和 21（控制连接端口）。

常见的 FTP 系统有 wu-FTP（Washington University FTP）、ProFTPD（professional FTP daemon）和 VSFTP（very security FTP）等。

wu-FTP 开发得比较早，ProFTPD 是在研究其他 FTP 服务器的基础上重新开发出来的 FTP 应用程序，而 VSFTP 是较新推出的安全 FTP 服务器，在 Red Hat 系统中集成的就是 VSFTP。本节分别对后两种 FTP 服务进行讲述。

1. 命令行方式

格式如下：

```
ftp <ipaddress|hostname>
```

例如：

```
C:\>ftp 10.65.1.3
Connected to 10.65.1.3
220 ftpd.test.com.cn FTP server ready.
User (10.65.1.3:xxx):            # 按 Enter 键将使用默认用户
password:
230 user xxx logged in           # 表示 xxx 用户登录成功
ftp>?                            # 可以得到帮助
ftp>put 本地文件名               # 上传到用户目录
ftp>get 远程文件名               # 下载到当前目录
```

这种方式常用于调试或供系统管理员使用，刚安装好的 ProFTPD 默认是匿名登录，anonymous 的别名是 ftp，没加任何修改时，用户名应该是 ftp，口令为空。

如果将 proftp.conf 中的 #DefaultRoot 开放，即去掉前面的"#"号，这时系统用户可以登录自己的目录，并且有全权。

2. 自动上传文件

自动上传文件在自动化管理时很重要，所谓自动上传，就是在指定的时间上传某个文件到 FTP 服务器，而不问用户名和密码。先看一个 Shell 程序：

```
#!/bin/bash
ftp-n<<!
open 10.10.10.10
user USERNAME PASSWD
binary
put filea
close
bye
!
```

参数说明如下。

-n：不受 /home/.netrc 文件中设置的用户名和口令的影响。.netrc 文件是用户的配置文件，可以在该文件中设置 FTP 用户的用户名及密码，用于 FTP 用户的自动登录，如果在用户的家目录下没有该文件，登录 FTP 时，系统会询问 FTP 用户名及密码。

<<：使用即时文件重定向输入。

!：即时文件的标志，它必须成对出现，以标识即时文件的开始和结尾（使用一对"INPUT_TEXT"也可以）。即时文件是 UNIX 输入重定向的一种技术，本来输入重定向要求从文件中读取内容，但即时文件可以把程序所需输入的内容直接写出来。

上传脚本也可以使用管道方式，Shell 程序如下：

```
#!/bin/bash
echo "open 192.168.1.106
      user USER PASSWORD
hash
      bin
      prompt
      put filea.txt
      close
bye"|ftp -n
```

参数说明如下。

hash：文件每传送 1KB，在屏幕上显示一个 # 号，此参数用于关注传输的快慢。

prompt：多文件传输不应答。

close：断开与服务器的连接。

bye：退出 FTP，也可以用 exit 或 quit。

put filea.txt：上传一个文件。

3. 使用专用的 FTP 软件

对于经常进行上传、下载的用户来说使用这种方式比较好。CuteFTP 是一个专用的 FTP 软件，在 Windows 中安装以后，可以注册多个 FTP 站点，支持下载续传，这对下载较大的数据文件是有意义的。它的工作界面上有两个窗口：一个是本地窗口，另一个是远程窗口。可用鼠标进行操作。

4. 使用 IE 浏览器

在 IE 地址栏中输入 ftp://IP 或 ftp://username:password@IP。

这种方式比较方便，不用安装客户端程序，但每次都要输入用户名和口令，一般用于外出或在其他机器上进行临时的上传、下载工作。

4.5.1 ProFTPD 匿名登录异常分析

1. vi /etc/passwd

首先查看匿名 anonymons 的别名用户 ftp 是否存在以及是否可以登录。

可以看到新安装的 FTP 服务器有 ftp 这个用户，但处于未登录状态。这时可以采用：

```
userdel ftp
useradd ftp
```

不用加口令，匿名时 ftp 是 anonymous 的别名，所以输入用户名 ftp 时，等效于 anonymous。当匿名登录目录 /home/ftp 时，其身份是 anonymous 而不是 ftp 用户，所以要给 /home/ftp 授权：

```
Chown ftp.ftp /home/ftp
```

```
chmod 700 /home/ftp     #  要求可以写入
```

2. vi /usr/local/etc/proftpd.conf

将 <Anonymous ~ ftp> 改为 <Anonymous /home/ftp>：前者的意思是登录 ftp 用户的 home 目录，后者是指定登录目录为 /home/ftp，也可以指定其他目录，但要求 ftp 用户有相应的权限。

3. vi /usr/local/etc/proftpd.conf

```
RequireValidShell off        #  命令要求正确有效外壳，保证匿名用户正常登录
AnonRequirePasword off       #  匿名登录不需要口令，直接进入
```

如果还有其他问题，可以通过以下命令进行调试：

```
! /usr/local/sbin/proftpd -d9 -n
```

启动 ProFTPD 进行调试时，调试信息会输出到 console 上。

4.5.2 VSFTP 服务器

Red Hat 中集成了 VSFTP，可以用 man vsftp 命令得到帮助。注意不要同时启动多个 FTP 服务，否则会发生端口冲突。如果有其他的 FTP 在运行，要将其关闭。可用 netstat-ant 命令查看端口，以确认是否有 FTP 服务在运行。

要启动 VSFTP，可以使用命令：

```
service vsftpd start
```

或运行 ntsysv，选中 vsftp。

1. 主配置文件介绍

主配置文件是 /vsftpd/vsftpd.conf，其相关内容如下：

```
anonymous_enable=YES          #  是否允许匿名 FTP，默认为 /var/ftp
local_enable=YES              #  是否允许本地系统用户登录
local_umask=022               #  设置 umask 码
anon_upload_enable=YES        #  是否允许匿名用户上传文件
anon_mkdir_write_enable=YES   #  是否允许匿名用户创建目录
dirmessage_enable=YES         #  是否显示目录说明（要创建 .message 文件）
xferlog_enable=YES            #  是否记录 FTP 传输过程
connect_from_port_20=YES      #  是否允许来自 20 端口的连接
chown_upload=YES              #  是否改变上传文件的属主
xferlog_file=/var/log/vlog    #  指定日志文件
xferlog_std_format=YES        #  是否使用标准的 ftp xferlog 格式
idle_session_timeout=600      #  设置会话保留时间
data_connection_timeout=120   #  设置数据传输超时时间
nopriv_user=ftpsecure         #  运行 vsftpd 需要的非特权系统用户，默认是 nobody
```

```
async_abor_enable=YES          # 是否允许运行特殊的 ftp 命令 async
ascii_upload_enable=YES        # 是否允许以 ASCII 码方式上传文件
ascii_download_enable=YES      # 是否使用 ASCII 码方式下载文件
ftpd_banner=Welcome            # 定制欢迎信息
deny_email_enable=YES          # 是否禁止匿名用户使用某些邮件地址
banned_email_file=/etc/bannmail         # 禁止使用匿名用户登录时作为密码的
                                          电子邮件地址
chroot_list_enable=YES         # 是否将系统用户限制在家目录下
chroot_list_file= /etc/vsftpd/chroot_list  # 定义不能更改用户主目录的文件
max_clients=Number             # 以 standalone 启动时可连接的用户数，0 表示不限制
message_file                   # 设置访问目录时的信息文件名，默认是 .message
pam_service_name=vsftpd        # 配置虚拟用户，权限验证需要的加密文件，使用 PAM
                                 托管的账号，定义 PAM 所使用的名称，预设为 vsftpd
userlist_enable=YES     # 启动并指定开放的白名单用户列表，配置为 yes 且 userlist_
                          deny=NO 后，则只有 user_list 文件中的用户才能访问 FTP
                          服务器。启用此选项后 userlist_deny 选项才有效
listen=YES              # 监听的端口
tcp_wrappers=YES        # 支持 tcp_wrappers
anon_root= /var/ftp     # 匿名用户默认的主目录
```

2. FTP 配置说明

在默认情况下，系统用户会登录自己的家目录。例如，用 u1 的登录 ftp 目录是 /home/u1。VSFTP 的匿名用户别名为 ftp，即 ftp 等效于 anonymous。

匿名用户登录到 /var/ftp。匿名登录时一般没有上传文件的权限，如果需要上传文件，可以建立一个专门的用户，将它的个人目录指向 FTP 服务的根目录，即 /var/ftp。

由于 /var/ftp 目录的属主是 root，属组也是 root，默认权限是 755。root 组外的成员对 /var/ftp 目录是没有写权限的，不能上传文件。所以要建立一个系统用户（如 vsadmin），并设置到 root 组，以 /var/ftp 为家目录。操作如下：

```
useradd vsadmin -d /var/ftp -g root     # 添加用户 vsadmin
passwd vsadmin                          # 设置 vsadmin 的口令
password:vsadmin                        # 在提示下输入口令：vsadmin
```

这时 vsadmin 是系统用户 root 组的成员，可以通过查看用户文件证实：

```
vi /etc/passwd
```

可以看到 vsadmin 和 root 具有相同的组 ID，即 0。

下面设置登录目录 /var/ftp 的访问权限，让 vsadmin 可以写（属主加写权）：

```
chmod 775 /var/ftp
```

或

```
chmod g+rwx /var/ftp
```

这样设置以后，用 ftp 或 anonymous 登录是不需要口令的。登录 /var/ftp 目录后可以下载，

但不能上传或建立文件。

以 vsadmin 登录时，正确输入密码后，可以登录 /var/ftp 目录，全权控制。

以一般系统用户登录时，输入密码后，可以登录自己的家目录，全权控制。

登录实验可以先在 Linux 服务器上做，使用命令：

```
ftp 192.168.34.49
```

提示用户名，当以匿名身份登录时，用户为 anonymous 或 ftp，使用空口令，如图 4-11 所示。

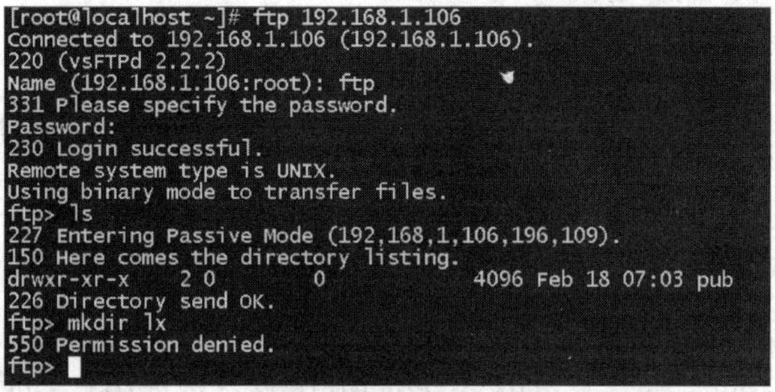

图 4-11　在 Linux 服务器上做登录实验

当使用 Windows 登录 Linux 的 FTP 服务器时，如果是匿名登录，则不提问口令。在 IE 的地址栏中写入 ftp://ip_address，如 ftp://192.168.1.106。

以用户身份登录时，在 IE 的地址栏中输入 ftp://username@ip_address，如 ftp://u1@192.168.1.106。

如果使用 Windows 的命令行操作，选择"开始"→"运行"命令，输入 cmd，会出现命令行提示，这时可以使用 ftp 命令进行实验，如图 4-12 所示。

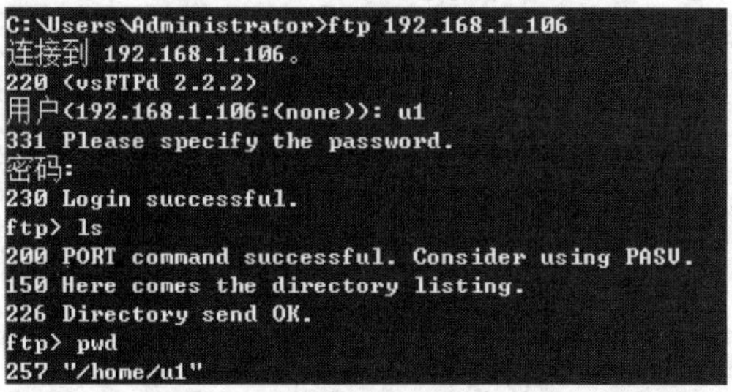

图 4-12　使用 ftp 命令进行实验

vsftp 的匿名用户目录是 /var/ftp，出于安全考虑可以通过软连接修改默认的目录位置，如把匿名 ftp 的目录设为 /tmp/ftp。

```
ln -s /var/ftp /tmp/ftp
```

也可在 vsftpd.conf 中增加：

```
anon_root=/ 其他目录
```

修改默认 FTP 用户的家目录为指定目录，注意修改目录后给够权限。

FTP 服务会受到防火墙和安全上下文的控制，建议初学者关闭防火墙和安全上下文。

关闭防火墙：

```
[root@localhost ~]# iptables -F
```

关闭安全上下文：

```
setenforce 0
```

或修改 SELinux 的配置文件。

修改 SELinux 配置文件的方法如下：

```
Vim /etc/seLinux/config
    # This file controls the state of SELinuxon the system.
    # SELinux= can take one of these three values:
    # enforcing - SELinuxsecurity policy is enforced.
    # permissive - SELinuxprints warnings instead of enforcing.
    # disabled - SELinuxis fully disabled.
    SELinux=Disabled    # 将 SELinux 的值修改为 Disabled，这样就可以关闭 SELinux
                          服务了，修改过文件后需要重新启动系统，设置才会生效
```

3. FTP 用户清单文件

vsftp 有两个默认存放用户名单的文件（默认在 /etc/vsftpd/ 目录下），用来对访问 FTP 服务的用户身份进行管理和限制，即 ftpusers 和 user_list。vsftpd 会分别检查这两个配置文件，只要是被任何一个文件所禁止的用户，访问 FTP 服务器的请求都会被拒。

ftpusers：用户黑名单，不受任何参数限制，永久有效。

user_list：可以作为用户白名单，也可以是黑名单，或者无效名单。完全由 userlist_enable 和 userlist_deny 这两个参数决定。

1）ftpusers 文件

ftpusers 文件保存于 /etc/vsftpd 目录下，该文件存放的是一个禁止访问 FTP 的用户列表，一个用户占一行，ftpusers 中默认的内容如下：

```
# Users that are not allowed to login via ftp
root
bin
daemon
adm
lp
sync
shutdown
halt
mail
news
uucp
operator
```

```
games
nobody
```

例如，禁止 jack 用户访问 FTP 服务器，可以将 jack 用户放入 /etc/vsftpd/ftpusers 文件中。操作方法如下：

```
[root@localhost ~]# vim /etc/vsftpd/ftpusers
```

在最后一行加入用户 jack，此时 jack 用户将无法访问 FTP 服务器，结果如图 4-13 所示。

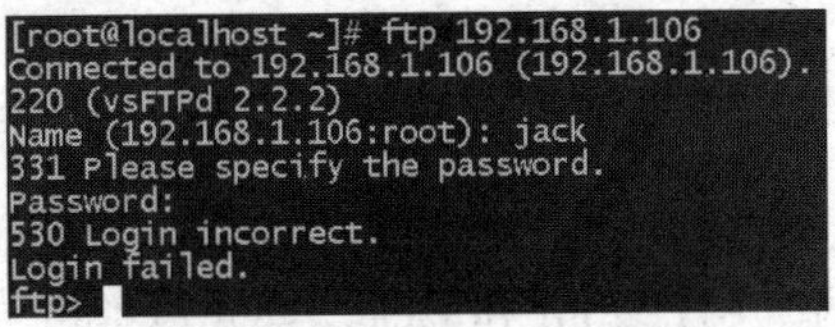

```
[root@localhost ~]# ftp 192.168.1.106
Connected to 192.168.1.106 (192.168.1.106).
220 (vsFTPd 2.2.2)
Name (192.168.1.106:root): jack
331 Please specify the password.
Password:
530 Login incorrect.
Login failed.
ftp>
```

图 4-13 设置 jack 用户无法访问 FTP 服务器

2）user_list 文件

user_list 文件位于 /etc/vsftpd 目录下，一个用户占一行，可以用作白名单，也可以用作黑名单，此文件的应用与 /etc/vsftpd/vsftpd.conf 文件中的 userlist_enable 和 userlist_deny 参数设置紧密相关。

user_list 文件默认的内容如下：

```
root
bin
daemon
adm
lp
sync
shutdown
halt
mail
news
uucp
operator
games
nobody
```

当 userlist_enable=YES，userlist_deny=YES 时，此操作相当于设置了黑名单，存放于 /etc/vsftpd/user_list 文件中的用户无法登录 FTP 服务器。

当 userlist_enable=YES，userlist_deny=NO 时，此操作相当于设置了白名单，只有存放于 /etc/vsftpd/user_list 文件中的用户可以登录 FTP 服务器，其他用户将无法登录 FTP 服务器。

当 userlist_enable=NO，userlist_deny=YES/NO 时，此时 /etc/vsftpd/user_list 文件内容无效，不会对任何用户进行限制。

例如，以白名单方式设置只允许 jack 用户登录 FTP 服务器，操作如下：

```
[root@localhost ~]# vim /etc/vsftpd/vsftpd.conf
```

修改内容如下：

```
userlist_enable=YES
userlist_deny=NO
[root@localhost ~]# vim   /etc/vsftpd/user_list
```

添加用户 jack：

```
[root@localhost ~]# service vsftpd restart
[root@localhost ~]# iptables -F
[root@localhost ~]# setenforce 0
```

设系统中已经创建好两个用户 tom 和 jack，首先以 tom 身份登录 FTP 服务器，结果如图 4-14 所示，显示登录失败。

下面使用 jack 用户进行测试，结果如图 4-15 所示，显示登录成功。

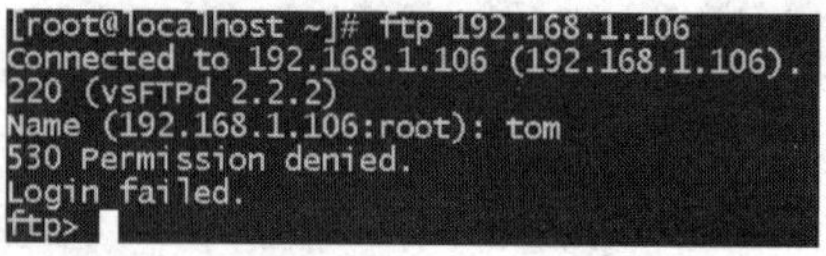

```
[root@localhost ~]# ftp 192.168.1.106
Connected to 192.168.1.106 (192.168.1.106).
220 (vsFTPd 2.2.2)
Name (192.168.1.106:root): tom
530 Permission denied.
Login failed.
ftp>
```

图 4-14　tom 用户登录 FTP 服务器失败

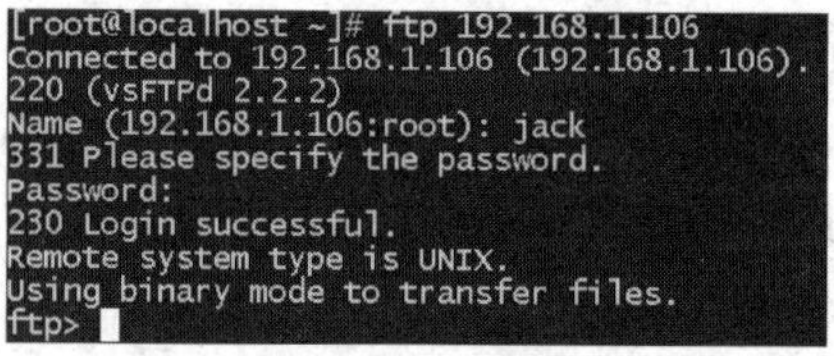

```
[root@localhost ~]# ftp 192.168.1.106
Connected to 192.168.1.106 (192.168.1.106).
220 (vsFTPd 2.2.2)
Name (192.168.1.106:root): jack
331 Please specify the password.
Password:
230 Login successful.
Remote system type is UNIX.
Using binary mode to transfer files.
ftp>
```

图 4-15　jack 用户登录成功

本 章 小 结

本章主要讲解了 Linux 的常用服务，包括 Telnet、Samba、Apache、DNS、FTP 等。本章是本书的重点，因为这些服务是 Linux 最基本的功能，学习 Linux 的主要目的是构建服务器，而不是面向桌面应用。

Telnet 用作远程管理。Samba 是与 Windows 操作系统之间实现资源共享的服务。Apache 和 DNS 结合形成典型的 WWW 服务，并可以实现访问控制、虚拟主机等，WWW 服务是本章的重点。FTP 服务也是常用的网络服务之一，用于实现文件的上传和下载，可以实现安全控制，是网站远程管理的常用方法。

习　题

一、简答题

1. Telnet 和 ssh 有何异同？各自使用的端口是什么？

2. SMB 的服务配置文件名和所在目录是什么？ SMB 服务的作用是什么？

3. 如何在 Linux 系统中访问 Windows 的共享资源 //servername/linux ?

4. Apache 的配置文件名和存放目录是什么？如何启动与停止?

5. 实现 Apache 访问控制的步骤是什么?

6. DNS 正向解析文件和反向解析文件的作用是什么？启动 DNS 和验证 DNS 的命令是什么?

二、操作题

1. 设置 WWW 服务，实现用 1 个 IP 地址管理 3 个域名的虚拟主机。

2. 设置 FTP 服务，实现所有用户可以下载及管理员可以上传。

第5章 MySQL 数据库应用

 本 章 重 点

- MySQL 数据库的结构与建立；
- MySQL 数据库中数据的操作；
- MySQL 数据库用户权限。

5.1 MySQL 数据库的结构与建立

5.1.1 MySQL 数据库的结构

学习 MySQL 数据库，先要认识数据库的组成结构。

数据库由数据表组成，数据表由数据字段组成，数据字段具有不同的类型。常见的数据类型有数值型、字符串型、日期和时间型、布尔型等，如表 5-1～表 5-3 所示。

表 5-1 MySQL 数据表字段的数值型

名 称	占字节长度
Tintint	1
Smallint	2
Mediumint	3
Int	4
Integer	4
Bigint	8
Decimal(M,D)	M+2（共显示 M 位，其中小数点后显示 D 位）
Numeric(M,D)	M+2（共显示 M 位，其中小数点后显示 D 位）
Float(M,D)	4（共显示 M 位，其中小数点后显示 D 位）
Double(M,D)	8（共显示 M 位，其中小数点后显示 D 位）

表 5-2 MySQL 数据表字段的字符串型

名 称	占字节长度
Char(M)	M 字节，0<M<255

名　　称	占字节长度
varchar(M)	M 字节，L<M<255（L：实际长度）
Tinyblob，tinytext	L+1 字节，L<27
Blob，text（不区分大小写）	L+2 字节，L<216
Mediumblob，mediumtext	L+3 字节，L<224
Longblob，longtext	L+4 字节，L<232
Enum（'v1'，'v2'，…）	取决于枚举数，<65535
Set（'v1'，'v2'，…）	取决于集合数，<64

表 5-3　MySQL 数据表字段的日期和时间型

名　　称	格　　式
Date	YYYY-MM-DD
Time	HH:MM:SS
Datetime	YYYY-MM-DD HH:MM:SS
Year	YYYY
Timestamp(14)	YYYYMMDDHHMMSS
Timestamp(12)	YYMMDDHHMMSS
Timestamp(10)	YYMMDDHHMM
Timestamp(8)	YYMMDDHH
Timestamp(6)	YYMMDD
Timestamp(4)	YYMM
Timestamp(2)	YY

5.1.2　数据库的建立

启动 MySQL：

```
#sudo systemctl start mysqld
```

或

```
service mysqld start
```

或

```
/usr/bin/mysqld_safe &
```

其中，& 表示后台。

系统运行状态：

```
#sudo systemctl status mysqld
```

命令输出如图 5-1 所示。

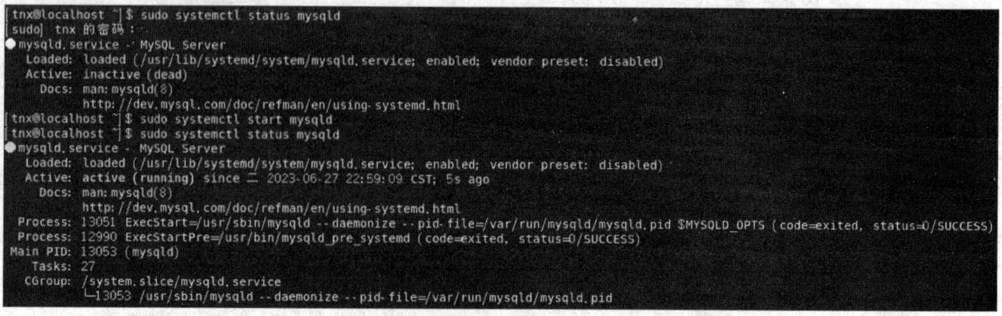

图 5-1　系统运行状态

设置字符集为 utf-8，在 /etc/my.cnf 文件的 [mysqld] 标签下添加：

```
init_connect='SET NAMES utf8'
character-set-server=utf8
collation-server=utf8_general_ci
```

获取临时密码，MySQL 为 root 用户随机生成了一个密码：

```
# sudo grep 'temporary password' /var/log/mysqld.log
```

命令输出如图 5-2 所示。

图 5-2　获取临时密码

通过临时密码登录 MySQL：

```
# mysql -u root -p
password                                              # 系统产生的随机密码
mysql> set global validate_password_policy=LOW;       # 设置简单密码
mysql> set global validate_password_length=1;         # 密码长度为 4 位
```

命令输出如图 5-3 所示。

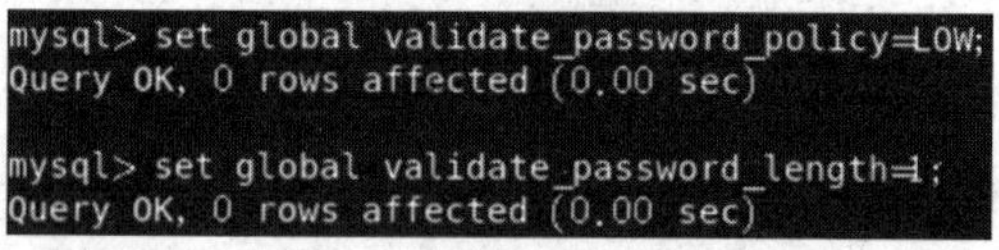

图 5-3　通过临时密码登录 MySQL

```
mysql> alter user 'root'@'localhost' identified by '1234';  # 更改 root 账户密码
```

命令输出如图 5-4 所示。

图 5-4　更改 root 账户密码

```
mysql> create user 'abc'@'localhost' identified by '1234';
#  添加账户 abc，登录密码为 1234
mysql> create database students;     #  创建一个数据库 students，生成一个文件 /
                                        var/lib/mysql/students
mysql> grant all on students.* to 'abc'@'localhost' identified by '1234';
#  'localhost' 表示本地登录
mysql> grant all on students.* to 'abc'@'%' identified by '1234';
#  '%' 表示远程登录
```

命令输出如图 5-5 所示。

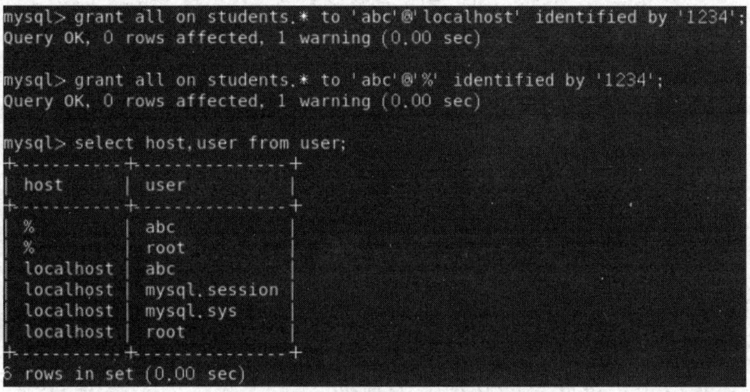

```
mysql> grant all on students.* to 'abc'@'localhost' identified by '1234';
Query OK, 0 rows affected, 1 warning (0.00 sec)

mysql> grant all on students.* to 'abc'@'%' identified by '1234';
Query OK, 0 rows affected, 1 warning (0.00 sec)

mysql> select host,user from user;
+-----------+---------------+
| host      | user          |
+-----------+---------------+
| %         | abc           |
| %         | root          |
| localhost | abc           |
| localhost | mysql.session |
| localhost | mysql.sys     |
| localhost | root          |
+-----------+---------------+
6 rows in set (0.00 sec)
```

图 5-5　本地登录和远程登录

```
mysql> FLUSH PRIVILEGES;          #  刷新权限
mysql>quit                        #  退出 MySQL
```

再次登录，使用 abc 账户：

```
#mysql -u abc -p
password:1234
mysql>show databases;
```

命令输出如图 5-6 所示。

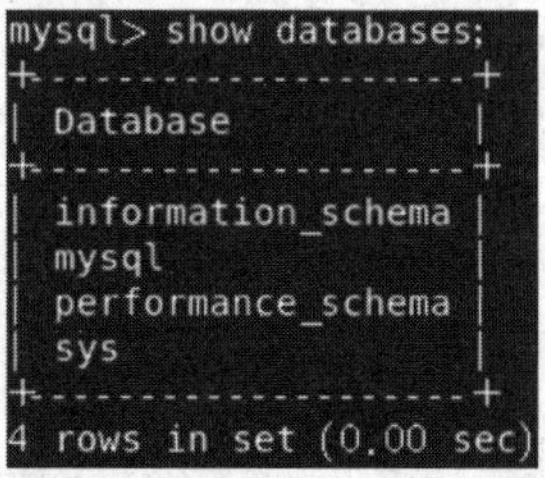

```
mysql> show databases;
+--------------------+
| Database           |
+--------------------+
| information_schema |
| mysql              |
| performance_schema |
| sys                |
+--------------------+
4 rows in set (0.00 sec)
```

图 5-6　使用 abc 账户

```
mysql>use students;
mysql>create table classa ( id int , name char(8)CHARACTER SET utf8,
address varchar(4) CHARACTER SET utf8) ;
```

```
mysql>describe classa;            #  查看表结构
```

命令输出如图 5-7 所示。

```
mysql> describe classa;
+---------+-------------+------+-----+---------+-------+
| Field   | Type        | Null | Key | Default | Extra |
+---------+-------------+------+-----+---------+-------+
| id      | int(11)     | YES  |     | NULL    |       |
| name    | char(8)     | YES  |     | NULL    |       |
| address | varchar(4)  | YES  |     | NULL    |       |
+---------+-------------+------+-----+---------+-------+
3 rows in set (0.01 sec)
```

图 5-7　查看表结构

```
mysql>insert into classa values (1,'张亮','北京');
mysql>insert into classa values (2,'李红','上海');
mysql>select * from classa;   #  显示表记录
```

命令输出如图 5-8 所示。

```
mysql>quit
```

图 5-8　显示表记录

在建立表时有以下几个重要概念。

PRIMARY KEY：主键，主键数据具有唯一性。

NO NULL：非空，要求此字段必须输入数据。

DEFAULT：设置字段默认值。

UNSINGNED：数据不能是负值。

ZEROFILL：用 0 填充数据左边。

auto_increment：设置整数段自动加 1。

INDEX：建立索引。

在实际建表时很少用命令行，通过文本导入很实用。例如，要建立一个名为 students 的数据库，表名是 classa 和 classb，向表中插入三个记录，建立一个文本文件 student.txt，其内容如下：

```
drop database if exists students;
create database students;
use students;
CREATE TABLE classa (
id int(4) auto_increment,
name char(30) NOT NULL,
age char(3) default 18,
sex char(2),
address varchar(50) default NULL,
Tel varchar(15) default NULL,
Email varchar(20) default NULL,
PRIMARY KEY (id),
INDEX (name(10))
```

```
) COMMENT=' 学生基本情况表 ';
INSERT INTO classa VALUES ('1',' 张一 ','18',' 男 ',' 广西 ','','');
INSERT INTO classa VALUES ('2',' 张二 ','20',' 男 ',' 房山 ','','');
INSERT INTO classa VALUES ('3',' 宋一 ','19',' 女 ',' 密云 ','','');
CREATE TABLE classb (
id int(4) auto_increment,
name char(30) NOT NULL,
age char(3) default 18,
sex char(2),
address varchar(50) default NULL,
Tel varchar(15) default NULL,
Email varchar(20) default NULL,
PRIMARY KEY (id)
) ;
INSERT INTO classb VALUES ('1',' 李一 ','20',' 男 ',' 广东 ','','');
INSERT INTO classb VALUES ('2',' 商一 ','18',' 女 ',' 顺义 ','','');
INSERT INTO classb VALUES ('3',' 史一 ','19',' 女 ',' 通州 ','','');
mysql>alter table classb add Key (name);
mysql>alter table classb add index (age);
mysql>show tables;
```

显示数据表结构：

```
mysql>describe classa;
```

命令输出如图 5-9 所示。

图 5-9　显示数据表结构

设置主键有自动增量属性：

```
mysql>alter table classa change id id int (11)    NOT NULL AUTO_
INCREMENT;
```

设置索引，按大小排序：

```
mysql>alter table classa add index (id);
```

修改指定表的字段变量：

```
mysql>alter table classa change age old int (3) NULL;
```

命令输出如图 5-10 所示。

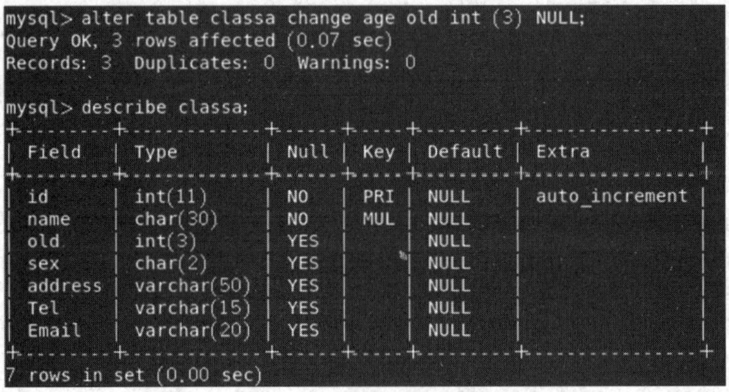

图 5-10　修改指定表的字段变量

在指定表中添加一个字段：

```
mysql>alter table classa add column lesson char (4)    NULL  after name;
```

命令输出如图 5-11 所示。

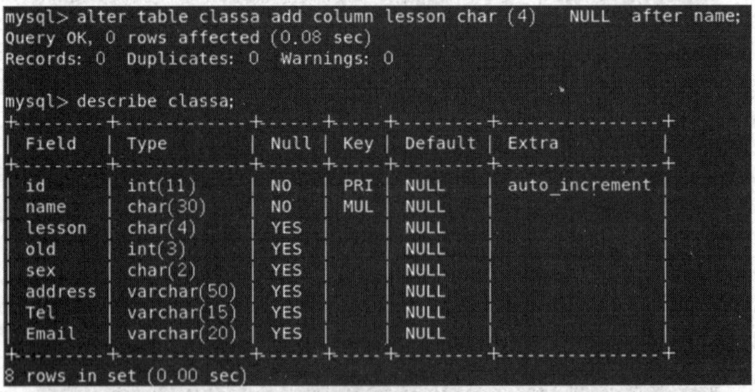

图 5-11　在指定表中添加一个字段

删除指定表中的字段：

```
mysql>alter table classa drop tel;
```

删除指定的表：

```
mysql>drop table students.classa;
```

删除指定的数据库：

```
mysql>drop database students;
```

显示数据库：

```
mysql>show databases;
```

停止 MySQL 服务：

```
mysql>quit
#sudo systemctl stop mysqld
password:
```

命令执行后，用 netstat-antpu | grep mysqld 命令后就看不见端口 3306 了。用 ls /tmp 命令会发现文件 mysql.sock 没有了，说明 MySQL 的服务已经不在系统中了。

5.2　MySQL 数据库中数据的操作

5.2.1　表的修改操作

1. 添加记录

insert 命令格式如下：

```
mysql>insert into 表名 [(列名,...)] values ('值',...);
```

例如：

```
mysql>insert into classa (name) value ('李光');
```

如果不指定列名，则从第一列开始加入数据。

数据从另一个数据表追加：

```
mysql>insert into classa (name) select name from classb;
```

数据从一个文本文件追加：

```
mysql>load data local infile '/data/data.txt' into table classa;
```

要求 a.txt 文件中每个字段由数据加 Tab 键组成，末尾的 Tab 键不能省略。字段不加引号，空字段用 Tab 键跳过，如 a.txt 的内容如下：

aaa	20	男	北京	12345678	aaa@sohu.com
bbb	25	男	北京	11111111	bbb@sohu.com
ccc	20	女	北京	22222222	ccc@163.com
ddd	25	女	北京	33333333	ddd@163.co

121

命令输出如图 5-12 所示。

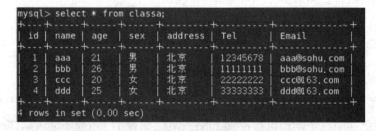

```
mysql> CREATE TABLE classa (
    -> id int(4) auto_increment,
    -> name char(30) NOT NULL,
    -> age char(3) default 18,
    -> sex char(2),
    -> address varchar(50) default NULL,
    -> Tel varchar(15) default NULL,
    -> Email varchar(20) default NULL,
    -> PRIMARY KEY (id),
    -> INDEX (name(10))
    -> ) COMMENT='学生基本情况表';
Query OK, 0 rows affected (0.03 sec)

mysql> select * from classa;
Empty set (0.00 sec)

mysql> load data local infile '/home/tnx/data.txt' into table classa;
Query OK, 4 rows affected, 4 warnings (0.00 sec)
Records: 4  Deleted: 0  Skipped: 0  Warnings: 4

mysql> select * from classa;
+----+------+-----+-----+---------+----------+-------------+
| id | name | age | sex | address | Tel      | Email       |
+----+------+-----+-----+---------+----------+-------------+
|  1 | aaa  | 20  | 男  | 北京    | 12345678 | aaa@sohu.com|
|  2 | bbb  | 25  | 男  | 北京    | 11111111 | bbb@sohu.com|
|  3 | ccc  | 20  | 女  | 北京    | 22222222 | ccc@163.com |
|  4 | ddd  | 25  | 女  | 北京    | 33333333 | ddd@163.com |
+----+------+-----+-----+---------+----------+-------------+
4 rows in set (0.00 sec)
```

图 5-12　添加记录

2. 修改记录

对指定记录或记录范围的字段列进行修改可用 update 命令，例如：

```
mysql>update classa set age=age+1 where sex='男';
mysql>select * from classa;
```

命令输出如图 5-13 所示。

```
mysql> select * from classa;
+----+------+-----+-----+---------+----------+-------------+
| id | name | age | sex | address | Tel      | Email       |
+----+------+-----+-----+---------+----------+-------------+
|  1 | aaa  | 21  | 男  | 北京    | 12345678 | aaa@sohu.com|
|  2 | bbb  | 26  | 男  | 北京    | 11111111 | bbb@sohu.com|
|  3 | ccc  | 20  | 女  | 北京    | 22222222 | ccc@163.com |
|  4 | ddd  | 25  | 女  | 北京    | 33333333 | ddd@163.com |
+----+------+-----+-----+---------+----------+-------------+
4 rows in set (0.00 sec)
```

图 5-13　对指令记录或记录范围的字段列进行修改

3. 删除记录

对指定的记录或指定范围内记录进行删除操作可用 delete 命令，例如：

```
mysql>delete from classa where name='ccc';
```

命令输出如图 5-14 所示。

```
mysql> delete from classa where name='ccc';
Query OK, 1 row affected (0.00 sec)

mysql> select * from classa;
+----+-------+-----+-----+---------+----------+---------------+
| id | name  | age | sex | address | Tel      | Email         |
+----+-------+-----+-----+---------+----------+---------------+
|  1 | aaa   | 21  | 男  | 北京    | 12345678 | aaa@sohu.com  |
|  2 | bbb   | 26  | 男  | 北京    | 11111111 | bbb@sohu.com  |
|  4 | ddd   | 25  | 女  | 北京    | 33333333 | ddd@163.com   |
+----+-------+-----+-----+---------+----------+---------------+
3 rows in set (0.00 sec)
```

图 5-14　对指定的记录进行删除

mysql>delete from classa where id>3 and id<6;

命令输出如图 5-15 所示。

```
mysql> delete from classa where id>3 and id<6;
Query OK, 1 row affected (0.00 sec)

mysql> select * from classa;
+----+-------+-----+-----+---------+----------+---------------+
| id | name  | age | sex | address | Tel      | Email         |
+----+-------+-----+-----+---------+----------+---------------+
|  1 | aaa   | 21  | 男  | 北京    | 12345678 | aaa@sohu.com  |
|  2 | bbb   | 26  | 男  | 北京    | 11111111 | bbb@sohu.com  |
+----+-------+-----+-----+---------+----------+---------------+
2 rows in set (0.00 sec)
```

图 5-15　对指定范围内记录进行删除

5.2.2　查询数据

一般格式如下：

select 指定列 from 表名 where 条件

例如，统计数据表中的记录：

mysql>select count(*) from classa;

命令输出如图 5-16 所示。

```
mysql> select * from classa;
+----+-------+-----+-----+---------+----------+---------------+
| id | name  | age | sex | address | Tel      | Email         |
+----+-------+-----+-----+---------+----------+---------------+
|  1 | aaa   | 20  | 男  | 北京    | 12345678 | aaa@sohu.com  |
|  2 | bbb   | 25  | 男  | 北京    | 11111111 | bbb@sohu.com  |
|  3 | ccc   | 25  | 女  | 北京    | 22222222 | ccc@163.com   |
|  4 | ddd   | 25  | 女  | 北京    | 33333333 | ddd@163.com   |
+----+-------+-----+-----+---------+----------+---------------+
4 rows in set (0.00 sec)

mysql> select count(*) from classa;
+----------+
| count(*) |
+----------+
|        4 |
+----------+
1 row in set (0.00 sec)
```

图 5-16　统计数据表中的记录

在表 classa 中选择指定列，条件为 id>3：

```
mysql>select id,name,sex,age,address from classa where id>3;
```

命令输出如图 5-17 所示。

```
mysql> select id,name,sex,age,address from classa where id > 3;
+---+-----+-----+-----+--------+
| id | name | sex  | age  | address |
+---+-----+-----+-----+--------+
|  4 | ddd  | 女   | 25   | 北京     |
+---+-----+-----+-----+--------+
1 row in set (0.00 sec)
```

图 5-17　在表 classa 中选择指定列

```
mysql>select name as '姓名', age as '年龄' from classa where address like'北%' order by age desc;
```

其中，% 匹配任意字符；- 匹配单个字符；as 是替换字段名；order by 是排序，默认是升序；desc 参数是降序。

命令输出如图 5-18 所示。

```
mysql> select name as ' 姓名',age as '年龄'
    -> from classa where address like '北%' order by age desc;
+-------+-------+
| 姓名   | 年龄   |
+-------+-------+
| bbb    | 25     |
| ddd    | 25     |
| aaa    | 20     |
| ccc    | 20     |
+-------+-------+
4 rows in set (0.00 sec)
```

图 5-18　排序

选择地址是北京的学生，再统计人数：

```
mysql>select * from classa where address='北京';
mysql>select count(*) from classa where address='北京';
```

命令输出如图 5-19 所示。

```
mysql> select count(*) from classa where address='北京';
+---------+
| count(*) |
+---------+
|        4 |
+---------+
1 row in set (0.00 sec)
```

图 5-19　统计北京地区学生人数

选择地址是北京的学生，按性别分组，再统计人数：

```
mysql>select count(*), sex from classa where address= '北京' group by sex;
```

命令输出如图 5-20 所示。

```
mysql> select count(*),sex from classa where address='北京' group by sex;
+----------+-----+
| count(*) | sex |
+----------+-----+
|        2 | 女  |
|        2 | 男  |
+----------+-----+
2 rows in set (0.00 sec)
```

图 5-20 按性别分组并统计人数

5.3 MySQL 数据库的用户权限

5.3.1 用户权限

用户权限是用对数据库操作的限制，MySQL 数据库的用户权限如表 5-4 所示。

表 5-4 MySQL 数据库的用户权限

权 限 名	操 作	权 限 名	操 作
Alter	更改和索引	Update	修改表中的记录
Create	创建数据库和表	File	读写文件
Delete	删除表中的记录	Process	查看线程
Drop	删除数据库或表	Reload	刷新授权表、日志、缓存
Index	创建或删除索引	Shutdown	关闭 MySQL
Insert	插入新记录	Usage	空权限
References	保留	All	所有权限
Select	检索表中的记录		

5.3.2 增加新用户

1. 设置密码策略

```
mysql> SHOW VARIABLES LIKE 'validate_password%';
```

命令输出如图 5-21 所示。

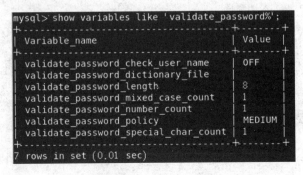

```
mysql> show variables like 'validate_password%';
+--------------------------------------+--------+
| Variable_name                        | Value  |
+--------------------------------------+--------+
| validate_password_check_user_name    | OFF    |
| validate_password_dictionary_file    |        |
| validate_password_length             | 8      |
| validate_password_mixed_case_count   | 1      |
| validate_password_number_count       | 1      |
| validate_password_policy             | MEDIUM |
| validate_password_special_char_count | 1      |
+--------------------------------------+--------+
7 rows in set (0.01 sec)
```

图 5-21 设置密码策略

```
mysql> set global validate_password_policy=Low;     #  设置简单密码
mysql> set global validate_password_length=1;       #  密码长度为 4 位
```

命令输出如图 5-22 所示。

```
mysql>  set global validate_password_policy=LOW;
Query OK, 0 rows affected (0.00 sec)

mysql> set global validate_password_length=1;
Query OK, 0 rows affected (0.00 sec)

mysql> show variables like 'validate_password%';
+--------------------------------------+-------+
| Variable_name                        | Value |
+--------------------------------------+-------+
| validate_password_check_user_name    | OFF   |
| validate_password_dictionary_file    |       |
| validate_password_length             | 4     |
| validate_password_mixed_case_count   | 1     |
| validate_password_number_count       | 1     |
| validate_password_policy             | LOW   |
| validate_password_special_char_count | 1     |
+--------------------------------------+-------+
7 rows in set (0.01 sec)
```

图 5-22 设置简单密码和长度

2. 添加用户并授权

添加用户命令格式如下：

```
CREATE USER 'username'@'localhost' IDENTIFIED BY 'password';
mysql> create user 'abc'@'localhost' identified by '1234';
#  添加用户 abc，登录密码为 1234
```

grant 命令给用户赋予权限。命令格式如下：

```
grant 权限 [列,...] on 表 to 用户 [identified by "password"] [with grant
option];
```

其中，[with grant option] 是该用户可以将自己拥有的权限授权给其他人。
例如：

```
mysql> grant all on students.* to 'abc'@'localhost' identified by '1234';
#  'localhost' 表示本地登录
mysql> grant all on students.* to 'abc'@'%' identified by '1234';
#  '%' 表示远程登录
mysql> FLUSH PRIVILEGES;          #  刷新权限，让权限表重新起作用
```

5.3.3 取消权限

取消权限命令是 revoke，与设置权限命令 grant 操作相反，命令格式如下：

```
revoke 权限 [列, ...] on 表 from 用户 ;
```

例如，取消本机 mu3 用户的所有权限：

```
mysql>revoke all on *.* from mu3@localhost;
```

5.3.4　删除用户

取消了用户的权限，但用户在 mysql.user 表中的记录并没有删除，该用户还能与服务器相连。要想彻底删除用户，要用 delete 命令。例如：

```
mysql>delete from user where user='mu3' and host='localhost';
```

5.3.5　MySQL 管理软件

推荐四个常用的图形工具，可以方便连接、管理行 MySQL 数据库。

1. SQLyog

作为 MySQL 的图形化操作工具，SQLyog 使用方便，但是一个收费产品，如图 5-23 所示。

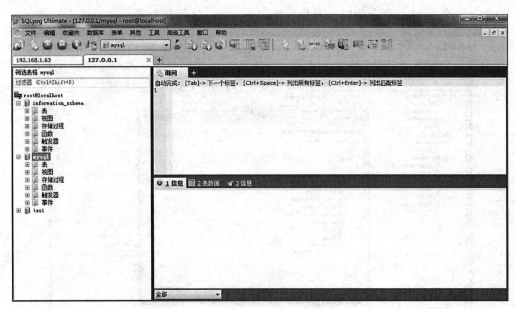

图 5-23　SQLyog

2. Navicat

Navicat 的应用广泛，但是一款收费软件，如图 5-24 所示。

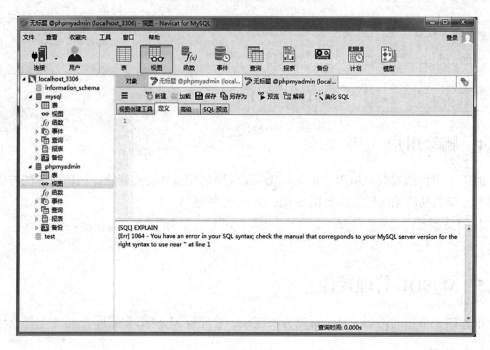

图 5-24 Navicat

3. DBeaver

DBeaver 有社区版和企业版，企业版是收费的，社区版是免费的，如图 5-25 所示。

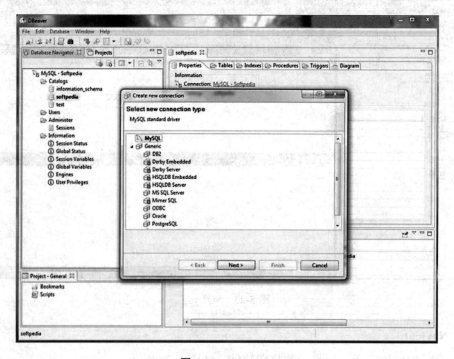

图 5-25 DBeaver

4. phpMyAdmin

phpMyAdmin 是基于 Web 且用 PHP 编写的免费软件，如图 5-26 所示。

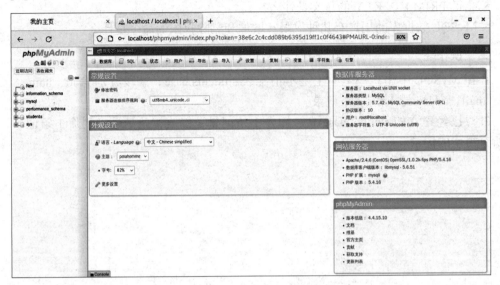

图 5-26　phpMyAdmin

若口令不能解析，可能是版本的问题，这时可用以下命令设置：

```
mysql>set password for root@localhost = old_password 'mysql';
```

本 章 小 结

本章主要讲解了 MySQL 的使用，包括三个方面的内容。

（1）建立数据库。包括 MySQL 服务的启动与停止，用户的登录与退出，MySQL 数据库的建立、表的建立、字段类型等，并讲了使用文本文件，通过改向建立数据库的操作。

（2）MySQL 数据库中数据的操作。这部分主要介绍了 SQL 语句的应用，通过例句讲解了 select、insert、update、delete 的语法。

（3）MySQL 数据库用户权限。默认 root 有全权，管理员可以建立新的用户并赋予相应的权限，授权实际是操作 MySQL 系统的授权表 mysql.user。

习 题

一、简答题

1. MySQL 常见的数据类型有哪几类？

2. 常见的字符串类型变量有哪些？

3. 如何设置数值型数据的自动增量？

4. 显示指定表结构的命令是什么？

5. 主键 PRIMARY KEY 的意义是什么？

6. MySQL 数据库的用户有几种权限？增加和删除权限的命令是什么？

二、操作题

1. 在 MySQL 中建立一个学生基本情况表 students.base。字段分别为 id、name、sex、age、mail、address。输入 3 条记录。

2. 对已经建立的 student.base 表，插入 1 条记录，修改 1 条记录，删除 1 条记录，显示所有男生的记录。

第 6 章　PHP 编程初步

- HTML 基础；
- PHP 操作符与变量；
- PHP 程序控制语句；
- PHP 对文件和字符串操作；
- PHP 对 MySQL 数据库的访问。

6.1　HTML 基础

6.1.1　基本 HTML 标记

HTML 使用的标记有很多，掌握一些常用的很有必要，HTML 常用标记如表 6-1 所示。

表 6-1　HTML 常用标记

标　　记	说　　明
<frameset></frameset>	创建框架
<html></html>	创建一个 HTML 文档
<body></body>	设置文档的主体部分
<head></head>	设置文档标题和其他在网页中不显示的信息
<title></title>	文档标题
<form></form>	创建表单。 action 属性定义了表单数据提交的目标 URL； method 属性定义了提交数据的 HTTP 方法
<input></input>	type 属性定义了输入框的类型； id 属性用于关联 <label> 元素； name 属性用于标识表单字段
<p></p>	段落
<textarea></textarea>	多行文本区
<div></div>	块或层
<table></table>	放入表格
<tr></tr>	表格中的一行
<th></th>	表头
<td></td>	一行中的一列

续表

标　记	说　明
`<strong></strong>`	字体加重
`<big></big>`	字体加大
`<small></small>`	字体缩小
`<imgsrc="name">`	插入文件
`<a href='lx.php' ></a>`	链接到文件
`<marquee></marquee>`	设置移动显示文本

对于准备编写 PHP 程序的人来说，掌握 HTML 方法结构是很有必要的，因为有些动态网页不允许在页面上摆放，窗体中的内容是根据条件动态生成的，要求根据 HTML 语法结构进行编程。

6.1.2　HTML 页面举例

关于 HTML 的基本使用，通过一个例子来说明表单的组成，这样更为直观。这个例子中包括了常用 HTML 语句用法，对编程很有帮助。代码如下：

```
<!DOCTYPE html>
<html>
<head>
<title>我的主页</title>
<meta charset="utf-8">
</head>
<body bgcolor="#C2E4FE" onload="top.resizeTo(600,520); top.moveTo(200,80);">
    <p align="left"><font color="#0000FF" size="4">   第一页 </font></p>
    <marquee hspace=20 vspace=20 width=300 bgcolor=ffaaaa align=middle> 啦啦啦,
我会移动啦! </marquee>
    <img border="0" src="pc.bmp" width="32" height="32"><br>    #  图片框
    <form action="teacher.php?passwd=$passwd&name=zk" method="post">
    <input type='hidden' name='begin' value='yes' ><br>
    <input type='text'   name='number' value='123' >           #  单行文本框
    <textarea name='are' rows=3 cols=30 >12345678</textarea>    #  文本区域框
    <Select name=color size=1>                                  #  下拉列表框
    <option value=red> 红 </option>
    <option value=green selected > 绿 </option>                 #  默认选中
    <option value=blue> 蓝 </option>
    </select>
    <input type="submit" name="Submit1" value=" 提交 "><br>
    <input type='radio' name=aa value=a>(1)<br>                 #  aa 组单选框
    <input type='radio' name=aa value=b>(2)<br>
    <input type='radio' name=aa value=c>(3)<br><br>
    <input type='radio' name=bb value=a>(1)<br>                 #  bb 组单选框
```

```
<input type='radio' name=bb value=b>(2)<br>
<input type='radio' name=bb value=c>(3)<br><br>
<input type='checkbox' name=a value='yes'>(1)<br>          #  复选框
<input type='checkbox' name=b value='yes'>(2)<br>
<input type='checkbox' name=c value='yes'>(3)<br>
</form>
<a href='index.html' >一般链接 </a><br>
<a href='index.html' target='_blank'>blank 在新打开的一个窗口显示 </a><br>
<a href='index.html' target='_self'>self 在同一窗口显示 </a><br>
<a href='index.html' target='_parent'>parent 在父窗体显示 </a><br>
<a href='../../index.html' target='_top'>top 在首页窗体显示，可以跳出框架 </a><br>
<a href='index.html#x1' target='_self'> 去锚点 </a><br> 窗体的指定位置
<div align='center'>                                        #  层块
<table border width=300 height=8>                          #  表格
<tr><th> 序号 </th><th> 姓名 </th><th> 成绩 </th></tr>       #  表头
<tr><td>1</td><td>aaa</td><td>97</td></tr>                  #  表体
<tr><td>2</td><td>bbb</td><td>98</td></tr>
<tr><td>3</td><td>ccc</td><td>99</td></tr>
</table>
</div>
<a name=x1>[ 设置的锚点 ]</a><br>
<input type='submit' name='Submit' value=' 确定 '>          #  提交按钮
</body>
</html>
```

其中：

（1）<a name=x1></a> 是设置的锚点，<a href='index.html#x1'></a> 是链接到锚点。

（2）隐藏输入框，一般用它的 value 值做提交确认，初次显示 value 为空，提交后有值。

（3）单选框按变量为组，即变量名相同的互斥，不同位置的 value 值不同。

（4）复选框是独立工作的，每一个复选框对应一个变量，即变量不同，值可以相同。

（5）一个提交按钮属于 form，只对本 form 有效。

（6）传递变量可以在打开的文件（链接的或提交的 action）后加"？变量＝值 & 变量＝值"。

6.1.3　框架

　　将一个页面分成几个部分，常用的方法有使用层定位或使用一个大的表格定位或使用框架结构。所谓框架，是指一个多帧的结构，每个帧由一个独立的文件装入，这种方式效率较高，因为不是对整个页面进行提交，而是对一个局部进行提交。如图 6-1 所示是一个框文件的例子。

```
<!DOCTYPE html>
<html>
    <head>
        <title> 答题板 </title>
```

```
    <meta charset="utf-8">
  </head>
<frameset rows="20%,80%">
    <frame name="topFrame" src="top.php" scrolling=auto>
    <frameset cols="20%,80%">
    <frame name="leftFrame" src="left.php" scrolling=auto>
    <frame name="mainFrame" src="main.php" scrolling=auto>
  </frameset>
  </frameset>
</html>
```

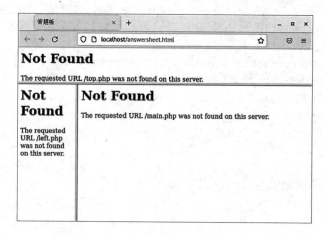

图 6-1　框文件

这个例子将页面分成了 T 结构,三个区的文件分别为 top.php、left.php 和 main.php,如果有必要,还可以在某个区继续分帧。

【思考】　为什么显示 Not Found?

6.1.4　JavaScript

在主页设计中经常用到 JavaScript,它在客户端进行解释,从而可以开发客户端的应用程序,通过嵌入或调入在标准的 HTML 语言中实现,弥补了 HTML 语言的缺陷。主要特点如下。

(1)解释性。在程序运行过程中被逐行地解释。它与 HTML 标识结合在一起,方便用户的使用。

(2)基于对象。JavaScript 是一种基于对象的语言,可以自己创建对象。

(3)安全性。它不允许访问本地的硬盘,不能将数据存到服务器上,只能通过浏览器实现信息浏览或动态交互。

(4)动态性。在客户端做出事件响应,如按下鼠标、移动窗口、选择菜单等等都可以视为事件。当事件发生后进入响应处理。

(5)跨平台性。程序运行依赖浏览器,与计算机无关,可以移植到多种支持 JavaScript 浏览器的计算机上。

关于它的方法网上有很多的文件和手册，如 JavaScript.chm 帮助文档。这里给出 4 个实例，以此来认识 JavaScript。

（1）在指定的帧中显示指定的文件。

```
<script language='JavaScript'>
parent.mainFrame.location.href='main.php';
</script>
```

（2）跳过框架回到主界面。

```
<script language=javascript>
    scroll(0,1000);
    alert('交卷成功，请离开考场！');
    top.location='index.php';
</script>
```

（3）引入 PHP 变量，输出信息。

```
<script language=javascript>;
    var nb='<? echo $numbera; ?>';
    if (nb==''){
        alert('考号不能为空！');          //或 document.writeln('考号不能为空!');
                login.action='index.php';     //login 是 form，当 action 不变时，可
                                                            不用此句
                login.submit();             //或 location.href='index.php';
    }
</script>
```

（4）定时显示剩余时间。

```
<script language=JavaScript>
var n = 60;
var t=<? echo $t ?>;                    //t 是数字，所以没加引号
function showtime () { n--;
if(n<=0){ t--; n=60; if (t<=0) parent.mainFrame.submitmain.submit(); }
document.clock.thetime.value = '剩余时间：'+t+'分 '+n+'秒';
//  clock.thetime.value = '剩余时间：'+t+'分 '+n+'秒';
setTimeout("showtime()",1000);         //指定时间运行指定程序（1秒）
}
showtime ();
</script>
```

其中，clock 是一个 form；thetime 是文本框。

document 是 JavaScript 的对象，代表当前页，其中控件可以省略。但使用函数时不能省略，如输出字符 document.write "aaaa"，相当于 PHP 的 echo "aaaa"。

```
<a href="javascript:var a=new ActiveXObject('wscript.shell');
a.run('notepad.exe')">运行 </a>
```

6.2 PHP 操作符与变量

先看一个简单的 PHP 程序：

```
<?php
    echo 'hello';   //输出
    /* phpinfo();
    */
?>
```

一般来讲 PHP 是以嵌入 HTML 中的形式工作的，用 <? php... ?> 标记 PHP 的语句，用 // 做单行注释，多行注释用 /*...*/。PHP 语句要以 ";" 结束。在 PHP 中也可以输出 HTML 的语句，例如：

```
<?php
echo "<input type='text' name='number' value='123' >";
?>
```

相当于

```
<html>
<input type='text' name='number' value='123' >
</html>
```

6.2.1 常量

1. 数值常量

$x=123：数值默认是十进制数。
$y=o12：表示八进制数 12，等于 $1 \times 8 + 2 = 10$。
$z=0x2B：表示十六进制数 2B，等于 $2 \times 16 + 11 = 43$。
其中，$ 是变量的前置符，即表示一个变量。

2. 字符串常量

字符串可以用单引号或双引号括起来，"/" 是转义符。例如：

```
<?php
    $a='I\'m a teacher,';
    $b="I'm a teacher,";
    $c="He said: \"very good\".";
    echo $a. ' '.$b. ''.$c;
?>
```

输出：

I'm a teacher, I'm a teacher, He sayd: "very good".

反斜杠是让终结引号失效，即一对引号的后一个失效，另外双引号有比单引号更丰富的内容。双引号内支持转义符，例如：

\n: 回车（常用 \r\n 组合）。

\r: 换行。

\t: 跳格（Tab 键）。

\\: 反斜杠。

\": 双引号。

\$: 美元号。

对于一个没有空格的串，也可以不用引号，如 $u=single。

6.2.2 运算符

1. 算术运算符

算术运算符如表 6-2 所示。

表 6-2 算术运算符

操作符	名称	举　例	输出结果
+	加	echo "1+2=" ; echo 1+2;	1+2=3
-	减	echo "2-1=" ; echo 2-1;	2-1=1
*	乘	echo "2*2=" ; echo 2*2;	2*2=4
/	除	echo "4/2=" ; echo 4/2;	4/2=2
%	取余	echo "5%3=" ; echo 5%3;	5%3=2

2. 位运算符

位运算符如表 6-3 所示。

表 6-3 位运算符

操作符	名称	举　例	输出结果
&	与	echo dechex(0x80&0x81);	80
|	或	echo dechex(0x80|0x81);	81
^	异或	echo dechex(0x80^0x81);	1
~	非	echo dechex(~0xF0F0);	ffff0f0f
<<	左移	echo dechex(0x3<<2);	c, 即 (0011->1100)
>>	右移	echo dechex(0xAA>>1);	55

3. 比较符

比较符如表 6-4 所示。

表 6-4　比较符

操作符	说　　明
==	等于
===	相同（数据相同且类型相同）
!=	不等
<	小于
>	大于
<=	小于或等于
>=	大于或等于

4. 自加减操作符

自加减操作符如表 6-5 所示。

表 6-5　自加减操作符

操作符	效果	举例	输出
$a++	先返回，后加 1	$a=1; echo $a++; echo $a;	12
$a--	先返回，后减 1	$a=3; echo $a--; echo $a;	32
++$a	先加 1，后返回	$a=1; echo ++$a; echo $a;	22
--$a	先减 1，后返回	$a=3; echo --$a; echo $a;	22

5. 字符串连接

字符串连接是指字符串的相加操作，连接两个字符串用 "."，例如：

```
$a=111;
$b=222;
$c=$a+$b;
$d=$a. '+'.$b. '='.$c;
echo $d
```

输出：

```
111+222=333
```

6.2.3　变量

PHP 中的变量类型有 int（整型）、float（浮点）、double（双精度浮点）、string（字符串）、array（数组）。

1. 普通变量

PHP 中的变量以 $ 开头，使用变量时，不用事先定义类型，运算中变量会根据情况自动变换，例如：

```
$t1=A;
$t2=B;
$x=1;
$y=2;
$a=hello;
$b='yes';
echo 'he said $b';       //输出：he say yes（引号内的变量可以代换出）
echo $x+$y;              //输出：3（算术运算）
echo $x.$y;             //输出：12（字符串连接）
echo ${'t'.$x};          //$t1 的值：A（变量的套用）
echo ${'t'.++$x};        //$t2 的值：B（相当于 $t2）
```

PHP 变量有数据类型，在运算时可以根据运算操作自动变换。例如，一个变量做加法时按数值型用，做连接操作时按字符串型处理。

一般使用变量时不用定义类型，但这并不是说 PHP 数据类型就没有意义了。例如，在 JavaScript 中引用 PHP 变量时，要注意类型，类型转换操作如下：

```
<?php
  $k=' ';
  $a='11.2mm';           echo $a.$k;
  settype($a,'float');  echo $a.$k;
  settype($a,'integer');     echo $a.$k;
?>
```

输出：

```
11.2mm 11.2 11
```

开始定义 $a 为字符串型，原样输出，转换为浮点型时去掉了 mm，再转换为整型时又去掉了 ".2"。

上面对变量进行了转换，也可以保持变量不变，而得出其他类型的值，例如：

```
<?php
  $k=' ';
  $a='11.2mm';
  echo $a.$k;
  //echo strval($a).$k;       //这句被注释掉，因为本来就是字符串
  echo floatval($a).$k;       //转换成浮点型并输出
  echo intval($a).$k;         //转换成整型并输出
  echo $a;                    //输出原型
?>
```

输出：

```
11.2mm 11.2 11 11.2mm          //输出，第三个按整型去掉了小数部分
```

最后输出的 $a 还是原值。

2. 数组变量

使用数组前也不用定义类型，可以直接使用，一维数组是一个下标，二维数组是两个下标，下标可以是数字或字符串。下面举例说明。

1）一维数组

例 1：

```php
<?php
  $a=abcdef;
  echo $a[1];
?>
```

输出：

```
b
```

这是一个最简单的数组，数据的第一个下标是 [0]，所以 $a[1] 是 b。

例 2：

```php
<?php
  $ar=array(aa,bb,cc);
  echo $ar[1];
  echo '<br>';
  $ar['swa']= 'switchA';
  echo $ar['swa'];
?>
```

输出：

```
bb
switchA
```

这个例子是使用 array 函数进行赋值，当然也可以一个一个地赋值，下标支持字符串。

例 3：

```php
<?php
  $x=ord(a);
  for ($i=0;$i<5;$i++){
  $arr[$i]=chr($x);
  $x++;
  echo $arr[$i];
}
?>
```

输出：

```
abcde
```

其中，函数 ord（string）是取出字符串的第一个字符，将其转换成 ASCII 码，所以变量 $x 是字符 a 的 ASCII 码值，即 97。而 chr(n) 函数是将数值转换成 ASCII 字符。

如果将第一句改为 $x=ord(i)，则会输出 ijklm。

2）二维数组

二维数组有两个下标。

```php
<?php
  $arr = array (array(1,2,3),array(a,b,c),array(j,q,k));
  echo $arr[1][1];
  $arr['aa']['bb']=12345;
  echo $arr['aa']['bb'];
?>
```

输出：

b12345

这个数组的前半部分使用函数 array 赋值，后
半部分采用字符串的下标 $arr['aa']['bb']。

3）文件数组

文件数组是将一个文本文件读入并变成一个数
组，将文件的每一行作为一个元素。

classm.txt 的内容如图 6-2 所示。

设 lx.php 的内容如下：

图 6-2　classm.txt 的内容

```php
<?php
  $arr=(file("classm.txt"));               //课程选择
  $j=count($arr);
  echo "<font size=4> $arr[0] </font><br>";
  for($i=1; $i<$j; $i++)
      echo "<input type='radio' name='classm' value=$i> $arr[$i]<br/>";
?>
```

3. session 变量

一般的变量只在当前页面有效，如果后面的页面要用，需要向下一页传递。格式如下：

```
<a href='lx.php?log=ok'></a>
```

或

```
<form method='post' action='lx.php?log=ok&passwd=$passwd'>
<input type='submit' value=' 提交 '>
```

使用连接符 "&" 可以传递多个变量，但如果变量有很多，或很多页都使用同一变量，
这种方法就不方便了。session 变量（全局变量）可以解决这个问题。

在 PHP 目录下有一个配置文件 php.ini，其中有关于 session 变量的设置。例如：

```
register_globals=On               //注册全局变量有效
;Initialize session on request startup.
session.auto_start = 1            //初始化 session 注册功能，默认为 0，也可以在程序中
                                    通过函数启动
```

```
;Lifetime in seconds of cookie or, if 0, until browser is restarted.
session.cookie_lifetime = 0      //设置生存期，单位为秒，如果取 0 值，则直到浏览器关闭
;After this number of seconds, stored data will be seen.
session.gc_maxlifetime = 1440         //设置最大的生存期，单位是秒
;Document expires after n minutes.
session.cache_expire = 180           //文档期满时间
;always using URL stored in browser's history or bookmarks.
session.use_trans_sid = 1         //总是使用存储于浏览器的历史或收藏夹中的 URL
;this is the path where data files are stored .
session.save_path=/tmp           //session 变量存在服务器的这个目录中，这个目录要求
                                   每个人都有写权限
```

下面的实例创建了一个简单的 page-count 计数
器，如图 6-3 所示。如果页面刷新达到 50 次，则
重置计数器。session_start() 函数创建 session，开始
一个会话，进行 session 初始化；unset() 函数用于
释放指定的 session 变量。

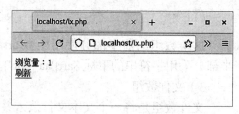

图 6-3　page-count 计算器

```php
<?php
  session_start();
  $_SESSION['count']=$_SESSION['count']+1;
  echo "浏览量：". $_SESSION['count'];
  if($_SESSION['count']>=5)
  unset($_SESSION['count']);
?>
<br><a href="lx.php">刷新 </a>
```

6.3　PHP 程序控制语句

程序控制语句包括条件语句、循环语句、开关控制语句、中断语句等。

6.3.1　条件语句

if 语句格式如下：

if (条件) { 程序 } else { 程序 }

例 1：

```php
<?php
  $s='yes';
  if ($s=='yes') echo 'yes'; else echo 'no';
?>
```

输出：

yes

例 2：

```php
<?php
  $x=6;
  if ($x<=9) {
     $a="ok ";
     echo $a;
  }else{
  $a="error ";
  echo "error";
}
?>
```

6.3.2　循环语句

1. for 语句

格式如下：

for（初值；终值；步进）｛程序体｝

例如：

for ($i=0;$i<9;$i++) echo $i;

变量 \$i 从 0 开始，每次加 1，一直到 8，每次输出 \$i。

文件 chat.txt 的内容如图 6-4 所示。

图 6-4　文件 chat.txt 的内容

将考试成绩大于 90 的记录找出，另写入文件 chat1.txt 中。

```php
<?php
  $ary=(file("chat.txt"));              //文件→数组
  $j=count($ary);                       //统计记录条数
  for($i=0;$i<$j;$i++){
     $s=strstr($ary[$i],"ks:");         //取出 "ks:" 以后的内容
```

```
        $s=substr($s,3,2);              //从第 3 个开始取 2 个
        if($s>90){
            echo $ary[$i].'<br>';       //输出显示
            $a=$a.$ary[$i];             //累加到变量 $a 中
        }
    }
?>
```

输出如图 6-5 所示。

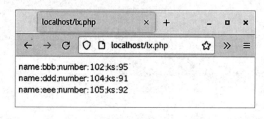

图 6-5　演示程序 lx.php 的输出

2. while 语句

（1）先判断后执行，格式如下：

```
while（条件）{
  循环体
}
```

（2）先执行后判断，格式如下：

```
do {
  循环体
}
while（条件）
```

先执行后判断的循环体最少执行一次。对于先判断后执行，如果条件不符合，循环体一次也不执行。While(1) 是死循环。

6.3.3　开关控制语句

switch 开关结构是一种 case 语句,是一种多条件判断语句,也可以用多个 if...esle 完成,但使用 switch 结构更清晰。格式如下：

```
switch ($i){
case 0:
  ...;
  break;
case 1:
  ...;
```

```
   break;
case 2:
   ...;
   break;
default:
   ...;
 }
```

每个 case 中有一个 break，否则程序会继续执行，如果都没有则执行 default 中的
语句。

（1）引用函数。

```
<?php
  function mytx(){ global $n;
    switch ($n){
       case 1:{echo one;      break;}
       case 2:{echo two;      break;}
       case 3:{echo three;    break;}
       case 4:{echo four;     break;}
       default: print "nnn";
    }
  }
  $n=3;
  mytx();
?>
```

输出：

```
three
```

这个列子引用了函数，global 指定变量是全局的，否则只在子程序中有效。
（2）用一个变量 $tx 代替分立的 $t1、$t2、$t3、$t4。

```
function mytx(){ global $n,$t1,$t2,$t3,$t4,$tx;
  switch ($n){
     case 1:{$tx=$t1;break;}
     case 2:{$tx=$t2;break;}
     case 3:{$tx=$t3;break;}
     case 4:{$tx=$t4;break;}
     default: print "n no 1234";
  }
}
```

当 $n=3 时，$tx=$t3，如果 $n 不是 1 或 2 或 3 或 4，则显示：

```
n no 1234
```

PHP 的 switch 中变量的值可以是字符串，这是和其他语言不同的地方。

6.3.4　中断语句

1. break 语句

break 用于终止当前程序的执行，跳出循环体。例如：

```php
<?php
$arr[0]='start';
$arr[2]='stop';
$arr[4]='restart';
$i=0;
while ($i<20){
    if ($arr[$i]=='stop'){
        echo $i.'  '.$arr[$i];
        break;
    }
    $i++;
}
?>
```

输出：

```
2stop
```

2. continue 语句

continue 用于改变当前程序的执行顺序，返回循环程序体的开始处，进入下一个循环。例如：

```php
<?php
$arr[0]='start';
$arr[2]='stop';
$arr[4]='restart';
$i=0;
while ($i<20){
    $i++;
    if ($arr[$i]!='restart') continue;
    echo $i.'  '.$arr[$i];
    break;
}
?>
```

3. exit 语句

exit 用于终止当前程序的执行，跳出当前页面。例如：

```php
<?php
session_start();
```

```php
if(isset($_SESSION['count']))       //如果没注册就注册 session 数组
        $_SESSION['count']++;
else
        $_SESSION['count']=0;
if ($_POST['number']=='111111'){
        unset($_SESSION['count']);
        echo "<a href='lx.php'>进入考试</a>";
        exit;
}
else if ($_SESSION['count']>=5){
        echo $_SESSION['count']," 次输入考号不对,请找管理员! ";
        unset($_SESSION['count']);
        exit;
}
else if ($_POST['number']!='111111' && $_SESSION['count']!=0){
        echo "考号不对,输入次数: ", $_SESSION['count'];
}
echo    "<br/><br/><br/>登录界面<br/><br/>
<form name=\"form\" action=\"lx.php\" method=\"post\">
        请输入考号:
            <input type=\"text\" name=\"number\" id=\"number\" value=\"\">
            <input type=\"submit\" value=\" 提交 \">
</form>";
?>
```

程序中的 $_SESSION['count'] 是一个 session 数组,在程序的开始处进行判断,如果没有,就注册并设初值为 0,如果已有就加 1。

程序中有两个 exit 语句,第一个 exit 是判断提交的考号是不是 111111,如果是则提供进入考试程序的链接,清除 count 的注册,用 exit 终止程序。第二个 exit 是判断提交的次数,如果提交 5 次都不对则要求与管理员联系,用 exit 终止程序。

如果两个条件都不满足,则重新进入登录界面。

程序中隐含输入框的设置是为了当没单击"提交"按钮,即页面首次出现时,不显示提交次数。

6.4　文件和字符串操作

6.4.1　文件和字符串操作常用函数

丰富的函数是 PHP 的一大特点,本小节只是给出一些在主页制作中常用的函数,并做简要说明,更多的函数请查看 PHP 中文手册。由于 PHP 是自由软件,它的函数才如此丰富,而且在不断地丰富。丰富的 PHP 函数给编程带来很大的方便。

1. strstr(str1,str2)

取 str1 字符串中从 str2 开始到最后的部分。

例如：

```
$a=strstr("123456","34");
```

则

```
$a=3456;
```

2. substr(string,begin,number)

取 string 中的子串，从 begin 开始取 number 个。

例如，设：

```
$a=3456;
$b=substr($a,0,2);
```

则

```
$b=34;
```

3. strpos(str1,str2)

求 str2 在 str1 中的位置。

例如，设：

```
$s=abcd:66:77
$b=strpos($s,':');
```

则

```
$b=4;        #从 0 算起
```

另外，strrpos() 函数是查找"字符"最后出现的位置。若

```
$c=strrpos($s,':');
```

则

```
$c=7;
```

4. strlen(string)

计算字符串 string 的长度。

例如，设：

```
$a=3456
$b=string($a);
```

则

```
$b=4;
```

5. ereg()

```
ereg 函数功能强大          #  这里给出最基本的使用，主要是字符串查找功能
ereg("abc",$string);      #  如果 $string 中含 abc 则返回真值，否则为假
ereg("^abc",$string);     #  如果 $string 开头含 abc 则返回真值，否则为假
ereg("abc$",$string);     #  如果 $string 尾部含 abc 则返回真值，否则为假
```

另外，包含也可以用 strpos() 函数，例如：

```
strpos($string,"abc")!=""
```

如果找不到则返回值为空。

要查看开头是否为 abc，可以自定义一个开头标记。例如：

```
$str=^.$string;   $s=^.abc
strpos($str,$s)!=""
```

6. file_exists

判断文件是否存在，例如：

```
if (file_exists("chat.txt")) {
    $arraya=(file("chat.txt"));
    $j=count($arraya);
} else {echo " 文件不存在 " ;exit;}
```

如果存在文件 chat.txt，则将它读入数组，并计算数组长度（行数），否则显示"文件不存在"，并且退出。

7. 文件读写

```
<?php
  $tn="aaaaaaaaaaaaaaa";
  $fp = fopen("chat.dat","r");                //打开文件
  $msg = fread($fp,filesize("chat.dat"));     //读取文件
  fclose($fp);                                //关闭文件
  $msg=$msg.$tn;                              //内容相加
  echo "$msg";                               //显示
  $fp=fopen("chat.dat","w");                  //清空打开文件
  fwrite($fp,$msg);                          //写入文件
  fclose($fp);                                //关闭文件
?>
```

8. rand()

rand() 是取随机数，不属于字符串操作，但由于比较实用，所以这里加以说明。rand(1,20) 是取 1~20 内的随机数，为了让每次取随机数的随机度大，一般在取随机数之前运行随机种子函数 srand()。例如：

```
<?php
```

```
    srand((double)microtime()*10000000);
    for($i=0;$i<5;$i++){
        echo rand(), "<br/>";
?>
```

6.4.2 基于文件操作的留言板

基于文件操作的留言板有三个文件，即 index.html、left.php、main.php。

index.html：一个分帧的 HTML 框架结构文件，将输入留言和显示留言按左右 30% 和 70% 分配。

left.php：左边留言页文件，功能是输入留言、写入留言以及清除留言。

main.php：右边显示留言的主窗体文件。

1. 框架结构文件 index.html 的内容

```
<!DOCTYPE html>
<html lang="zh-CN">
    <head>
        <meta charset="utf-8">
        <title>留言板</title>
    </head>
    <frameset cols="30%,70%" frameborder="NO" border="1" framespacing="0"
rows="*">
        <frame name="leftFrame" src="left.php">
        <frame name="mainFrame" src="main.php">
    </frameset>
    <noframes>
        <body bgcolor="#FFFFFF">
        </body>
    </noframes>
</html>
```

2. 输入留言文件 left.php 的内容

```
<!DOCTYPE html>
<html lang="zh-CN">
    <head>
        <meta charset="utf-8">
        <title>输入留言</title>
    </head>
    <body bgcolor="#aaaaaa">
        <p><font size="4">我要发言        </font>
        <a href="index.html" target="_top">返回</a></p>
```

```
            <form method="post" action="left.php">
                <input type="hidden" name="start" value="yes">
                    <p align="left"> 姓 名 : <input type="text" name="name"><br>
                                    Email: <input type="text" name="email" size=
20></p>
                    <p align="left"> 请输入你的留言 :<br/>
                        <textarea name="note" cols="30" rows="15"></textarea><br><p>
                        <input type="reset" name="Submit" value="Clear">  
 
                        <input type="submit" name="Submit" value=" 确定 "><br>
            </form>
            <?php
                if($_POST['start']=="yes"){
                    if($_POST['name']==""){echo "<font color=#FF0000> 姓名不能为空 !
</font>";exit;}
                    if($_POST['note']==""){echo "<font color=#FF0000> 留言不能为空 !
</font>";exit;}
                    if(($_POST['name']=="delall")and($_POST['note']=="delall")){
                        echo "<font color=#0000FF> 留言已清空!  </font>";
                        $fp=fopen ("chat.txt","w+");
                        fclose($fp);
                    }else{
                        $name = $_POST['name'];
                        $note = $_POST['note'];
                        $email = $_POST['email'];
                        $fp=fopen ("chat.txt","a+");
                        $t = date("Y 年 m 月 d 日 ");
                        $main=" 姓名 : $name <a href=\"mailto:$email\">$email</a>
 ($t)<br>";
                        $main=$main." 留言 : $note <hr><br>\r\n";
                        fwrite($fp,$main);
                        fclose($fp);
                        echo "<font color=#0000FF> 留言成功 </font>";
                    }
                }
                echo "<script language='JavaScript'>
                        parent.mainFrame.location.href='main.php';
                    </script>";
            ?>
        </body>
</html>
```

3. 显示留言文件 main.php 的内容

```
<!DOCTYPE html>
<html lang="zh-CN">
```

```
<head>
    <meta charset="utf-8">
    <title> 显示留言 </title>
</head>
<body bgcolor="#eeeeee">
    <p align="center"> 显示留言 :</p>
    <?php
        $farray=(file("chat.txt"));
        $j=count($farray);
        for($i=0;$i<$j;$i++)
            if(substr($farray[$i], 0, 4)==" 姓名 "){
                    $n++ ;
                    echo $n."".$farray[$i];
            }
            else echo $farray[$i];
    ?>
    <script language="JavaScript">
        scroll(0,1000);
    </script>
</body>
</html>
```

6.4.3　PHP 在 Linux 中以 Shell 方式运行

PHP 可以在 Linux 中以 Shell Script 的方式运行，如果了解 PHP 的特点，可能更喜欢 PHP Shell Script。

PHP 以 Shell 方式运行时，要指明 PHP 解析文件，即在 Shell Script 的第一行加入 #!/usr/bin/php -q。

下面在 Linux 中写一个最简单的 PHP Shell，设文件名为 lx，内容如下：

```
#!/usr/bin/php -q
<?php
    $a='abc:22:88';
    $b=strpos($a,':');
    $c=strrpos($a,':');
    $d=strlen($a);
    echo $a."\r\n";
    echo $b.''.$c;
?>
```

下面对文件授权并执行：

```
[root@localhost mnt]# chmod 777 lx
[root@localhost mnt]# ./lx
```

输出：

```
abc:22:88
3 6
```

其中，参数 -q 是不输出 header 信息，可以试一下没有 -q 参数的情况。

PHP Shell 有两个特殊的命令行参数，即 \$argc 和 \$argv[]，前者是参数个数，后者是参数内容。例如，求两个数字的和，设程序名为 lxa，内容如下：

```
#!/usr/bin/php -q
<?
$sum=$argv[1]+$argv[2];
echo $argv[1].'+'.$argv[2].'=';
echo $sum;
?>
[root@localhost mnt]# chmod 777 lxa
[root@localhost mnt]# ./lxa 2 3
2+3=5
```

在 Linux 控制台测试一些函数的使用是很方便的。

经过测试，PHP 的命令也可以在 Windows 环境下运行，如执行上述 lx 文件的命令行如下：

```
C:\PHP\php -q lx        #  PHP 在 C 盘根目录，注意对 session 的 \tmp 目录授权
```

输出：

```
abc:22:88
3 6
```

例如，求字符的加密运算值，设文件 phplx 的内容如下：

```
#!/usr/bin/php -q
<?
    $s=crypt(argv[1],argv[2]);
    echo "password is: $s";
?>
```

运行：

```
./phplx aa xx          #  aa 是口令，xx 是任意两个字符
```

显示结果是加密后的口令。

如果在建立用户时，同时建立口令，可以用以下命令（注意执行标志 "`"）：

```
useradd u2 -p `./phplx u2 ii`
```

这时 u2 的口令是 u2。

也可以用以下命令：

```
useradd u8 -p `echo "<? echo crypt('u8','bb'); ?>"|php -q;`
```

这时 u8 的口令是 u8。

```php
#!/usr/bin/php -q
<?php
    $a=3;
    $b=5;
    $c=$b/$a;                          //做除法，结果约为 1.6667
    $c=number_format($c,2);            //取两位小数
    $d=$b%$a;                          //取余数
    echo $c."<br/>";                   //回车换行
    echo $d."<br/>";
    echo rand(0,3)."<br/>";            //取随机数
    $s="abcd:66:77";
    $b=strpos($s,":");
    $c=strrpos($s,":");
    echo $s."<br/>";
    echo $b.'   ,.$c."<br/>";
    $a=123456;
    $b=substr($a,1,2);
    echo $b."<br/>";
?>
<?php
    echo crypt($argv[1],$argv[2])."<br/>";   //平均数
    $sum=$argv[1]+$argv[2];
    echo „<br/>";
    echo $argv[1].'+'.$argv[2].'=';
    echo $sum."<br/>";
?>
```

6.5 PHP 对 MySQL 数据库的访问

6.5.1 常用数据库函数

1. mysqli_connect

该函数用于连接到 MySQL，要求提供主机、用户名和口令，相当于登录 MySQL 服务器。格式如下：

```
mysqli_connect(' 主机 ',' 用户名 ',' 口令 ',' 数据库名 ');
```

它返回一个代表 MySQL 连接的对象。如果连接失败，则返回 FALSE。例如：

```
$link = mysqli_connect('localhost','root','root','student');
```

如果 $link 的值为 1 则表示成功，为 0 则表示不成功，只有连接成功才能访问数据库。函数 mysqli_close($link) 用于关闭 MySQL 连接。

2. mysqli_select_db;

该函数用于选择数据库，格式如下：

```
mysqli_select_db(数据库连接,'数据库');
```

例如：

```
mysqli_select_db($link,'students');
```

3. mysqli_query

该函数用于定义查询语句，格式如下：

```
mysqli_query(数据库连接,"SQL语句");
```

例如：

```
$result = mysqli_query($link,"select * from lyb");
```

这个函数很有用，可以执行所有 MySQL 下的语句，如建库、建表、插入记录等。

4. mysqli_fetch_array

该函数用于从查询的数据结果中返回一个数组，该数组是结果集中的一条记录，每次调用产生一行，终点是返回假值，格式如下：

```
$r=mysqli_fetch_array(查询结果数据集);
```

例如：

```
$r=mysqli_fetch_array($result);
```

其中，$r 是一个数组，数据下标单元对应原数据表的字段值。例如，$a=$r["name"] 是将原数据表中 name 字段的内容赋给 $a。

5. mysqli_fetch_object

该函数用于从查询的数据结果中返回一个对象，该对象是结果集中的一条记录，通过对象的属性与 PHP 进行变量的传递，格式如下：

```
$r=mysqli_fetch_object(查询结果数据集);
```

例如：

```
$r=mysqli_fetch_array($result);
```

其中，$r 是一个对象，对象的属性对应原数据表的字段值。例如，$a=$r->name 是将原数据表中 name 字段的内容赋给 $a。

6. mysqli_num_rows

该函数计算查询结构数据集的行数。

例如：

$count=mysqli_num_rows($result);

6.5.2 MySQL 数据库的留言板

MySQL 数据库的留言板有三个文件：index.html 是框架结构文件，left.php 是左边显示页文件，main.php 是右边显示留言的主窗体的文件。

Left.php 的功能包括输入留言和写入留言，以及管理员口令输入和验证。

Main.php 的功能包括显示留言和删除留言。

1. 留言板的数据库

先看数据库，通过一个文本脚本，以标准输入的方式建立。

设 Lybdb.txt 的内容如下（见图 6-6）：

```
drop database if exists lybdb;
create database lybdb;
use lybdb;
CREATE TABLE lyb (
    id int(3) auto_increment,
    name char(10) NOT NULL,
    email varchar(20) default '',
    note text,
    time char(10),
    PRIMARY KEY (id)
);
insert into lyb values (null, 'aaa', 'aaa@163.net',"ok","2005.6.30");
```

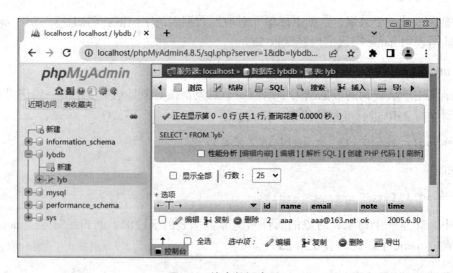

图 6-6　检索数据表 lyb

上面内容建立了一个 lybdb 数据库，在数据库中建立了一个 lyb 表，表有五个字段，分别是 id、name、email、note、time。其中 id 是主键，并自动编号。

通过批处理文件 db.bt 建立数据库，db.bat 的内容如下：

```
mysql -u root -p <var/www/html/lybdb.txt
enter password:root
```

其中，-u root 是指定用户；-p 是指定口令；root 是口令值。

如果只想登录 MySQL，可以使用下面的命令：

```
mysql-u root-p
```

或

```
mysql-u root-proot
```

这个命令在 Windows 和 Linux 下都是适用的。

2. 框架结构文件 index.html 的内容

```
<!DOCTYPE html>
<html lang="zh-CN">
<head>
 <meta charset="utf-8">
 <title>留言板</title>
</head>
 <frameset cols="30%,70%" frameborder="NO" border="1" framespacing="0"
rows="*">
   <frame name="leftFrame" src="left.php">
   <frame name="mainFrame" src="main.php">
 </frameset>
 <noframes>
   <body bgcolor="#FFFFFF">
   </body>
 </noframes>
</html>
```

3. 输入留言文件 left.php 的内容

```
<!DOCTYPE html>
<html lang="zh-CN">
 <head>
   <meta charset="utf-8">
   <title>输入留言</title>
 </head>
<body bgcolor="#aaaaaa">
   <p><font size="4">我要发言</font><br/>
   <a href="index.html" target="_top">返回</a></p>
   <form method="post" action="left.php">
```

```
    <input type="hidden" name="start" value="yes">
    <p align="left"> 姓 名 : <input type="text" name="name"><br>
        Email: <input type="text" name="email" size=20></p>
    <p align="left"> 请输入你的留言 :<br/>
    <textarea name="note" cols="30" rows="15"></textarea><br><p>
    <input type="reset" name="Submit" value="Clear">   
    <input type="submit" name="Submit" value=" 提交 "><br>
</form>
<br/>【系统管理】<br/>
<form method="post" action="left.php">
    管理员口令 :
    <input type="password" name="password" size=6>
    <input type="submit" value=" 确定 ">
</form>
<?php
 if ($_POST['password']=="zk")
 echo "<script language='JavaScript'>
    parent.mainFrame.location.href='main.php?del=yes';
 </script>";
 if($_POST['start']!="yes") exit;
 if($_POST['name']==""){echo "<font color=#FF0000> 姓名不能为空 !</
font>";exit;}
    elseif($_POST['email']==""){echo "<font color=#FF0000> email 不能为空 !
</font>";exit;}
    elseif($_POST['note']==""){echo "<font color=#FF0000> 留言不能为空 !
</font>";exit;}
        else{
        $name = $_POST['name'];
        $note = $_POST['note'];
        $email = $_POST['email'];
        $time = date("Y.m.d");
        $link = mysqli_connect('localhost','root','root','lybdb');
        //连接到数据库
        if($link){
        mysqli_set_charset($link,'UTF-8');              //设置数据库字符集
        $sql = "insert into lyb values(null,'$name','$email','$note','$ti
me')";                                                  //SQL 语句
        $result = mysqli_query($link, $sql);            //执行 SQL 语句，并返回结果
        if(!$result){
            echo " 数据插入失败 <br>";                    //输出错误提示
        }
        mysqli_close($link);
    }else{
        die(' 数据库连接失败! ');
    }
```

```
    }
    echo "<script language='JavaScript'>
        parent.mainFrame.location.href='main.php';
      </script>";
  ?>
 </body>
</html>
```

4. 显示留言文件 main.php 的内容

```
<!DOCTYPE html>
<html lang="zh-CN">
 <head>
  <meta charset="utf-8">
  <title> 显示留言 </title>
 </head>
 <body bgcolor="#eeeeee">
  <h2><p align="center"> 留 言 板 </p></h2><hr>
  <?php
   $link = mysqli_connect('localhost','root','root','lybdb');
//连接到数据库 'lybdb'
    if($link){
      mysqli_set_charset($link,'UTF-8');              //设置数据库字符集
      $del_id = $_GET['id'];
      if ($_GET['id']!="") mysqli_query($link,"delete from lyb where id =
$del_id");                                        //删除留言
      $result = mysqli_query($link, "select * from lyb");
      //执行 SQL 语句, 并返回结果
      if ($result && mysqli_num_rows($result)> 0) {       //输出数据
        while($row = mysqli_fetch_assoc($result)) {
          $id=$row["id"];
          $name = $row["name"];
          $email = $row["email"];
          $note = $row["note"];
          $time = $row["time"];
          echo " 姓名 : $name    Email : <a href='mailto: $email'> $email
  </a> ($time)";
          if ($_GET['del']=='yes') echo " $nbsp <a href='main.php?id=$id&del=
yes'> 删除 </a>";
          echo "<br> 留言内容 : $note <hr>";
        }
      } else {
        echo " 没有留言 <br/><br/><br/>";
      }
    }
```

```
    mysqli_close($link);
    if ($_GET['del']=='yes') echo "<a href='main.php'>退出管理</a>";
  ?>
 </body>
</html>
```

本 章 小 结

本章主要讨论了 PHP 的应用，同时讲述了与其相关的 HTML 和 MySQL 的操作。主要内容有 HTML 常用结构、表单、按钮等。重点介绍了 PHP 的操作符与变量、PHP 程序控制语句、PHP 常用函数、PHP 对 MySQL 数据库的访问等。

通过典型的操作说明了 PHP 的应用，本章中要注意以下几点。

（1）PIIP 变量的使用特点，变量前要加"$"，变量类型可自动识别。

（2）PHP 文件和字符串的操作很有特点，很实用。

（3）PHP 与 MySQL 是良好的组合，使用很方便，本章的实例已经过测试，可以参考。

习　　题

简答题

1. HTML 的 form 中隐含框 <input type='hidden' name='begin' value='yes'> 有何意义？

2. JavaScript 的特点是什么？举例说明。

3. PHP 变量的特点是什么？

4. 设字符串 $a="12345678"，将字符串 $a 中的 "3456" 取出并输出到屏幕。

5. 设字符串 $a="I am a teacher. He is a student."，将 $a 中的 "student" 取出并输出到屏幕。

6. 如果 $a 包含字符串 "student" 则输出 yes，否则输出 no。

第 7 章 Linux 扩展服务

- Qmail 邮件服务的应用；
- Squid 代理服务的使用；
- DHCP 地址动态分配服务使用；
- 综合安装应用服务程序的 Shell。

7.1 Qmail 的应用

在 Linux 系统中常见的电子邮件系统是 Sendmail 和 Qmail，前者是传统的邮件系统，而后者是在当前使用的邮件系统基础之上新研制的邮件系统。可在网站上免费获得该软件。本书使用的软件包是 qmail-1.03。

7.1.1 创建 Qmail 主目录和运行用户

Qmail 不是以 root 身份运行的，为了系统的安全和结构清晰，Qmail 有多个用户账号，分别用于不同的服务，如发送邮件、接收邮件、本地投递等。这些用户都是系统要求的，下面是建立工作目录以及用户组和用户的命令：

```
mkdir /var/qmail
groupadd nofiles
useradd -g nofiles -d /var/qmail/alias alias
useradd -g nofiles -d /var/qmail qmaild
useradd -g nofiles -d /var/qmail qmailp
useradd -g nofiles -d /var/qmail qmaill
groupadd qmail
useradd -g qmail -d /var/qmail qmailq
useradd -g qmail -d /var/qmail qmailr
useradd -g qmail -d /var/qmail qmails
```

以上命令建立了两个组，即 nofiles 和 qmail；七个用户，即 alias、qmajld、qmailp、qmaill、qmailq、qmailr 和 qmails。

7.1.2 安装 Qmail

下面是解压并安装 Qmail 的过程，先将 Sendmail 卸载：

```
rpm -e sendmail-nodeps
```

再安装 Qmail。

```
tar xvzf qmail-1.03.tar.gz
cd qmail-1.03
make setup check        #   check 是检查错误参数
#./config
```

配置域名，根据 IP 地址到 DNS 中查找域名，如果查不到域名就不能正确配置 mail 服务器。由于这句不采用，而是采用下一句，所以命令前加 # 号注释掉了。

```
./config-fast dky.net
```

将 dky.net 域名直接写入 locals 等目标文件中（可以有多个域名），比 ./config 安全。下面是设置系统别名空文件的语句，系统要求建立三个空文件，并设置成 644 权限：

```
cd /var/qmail/alias
touch .qmail-postmaster .qmail-mailer-daemon .qmail-root
chmod 644 .qmail*
cd -
```

Qmail 把收到的信放在每个用户的 Mailbox 文件中，而不是像 Sendmail 放在 "/var/spool/mail/ 用户名" 中（不在用户目录中），当然 Qmail 也支持传统的方式。Qmail 这种设计是一种改进的方式，使得用户使用内容更集中，更便于管理。既然选择了 Qmail 就最好使用 Qmail 的方式，而不使用 Sendmail 的邮件管理方式。

Qmail 的信件放在一个名为 Mailbox 的文件中，看完的信放在 mbox 文件中。在这种方式下，如果在接收信件或查看信件时，系统发生异常错误或异常关机等，会损坏整个邮件文件，导致用户的信件全部丢失。Qmail 为了避免这种现象的发生，可以工作在目录方式下，即为用户建立一个 Maildir 目录，此目录下有三个子目录，分别为 new、cur、tmp，其中 new 目录存放用户信件，一封信放在一个文件中；cur 目录保存已看过的文件；tmp 目录中是正在投递的信件，这种方式具有更好的安全性，而且便于调试，实现的方法是修改启动文件 home，将文件中的 /Mailbox 改成 /Maildir/。下面语句是先进行复制，然后修改：

```
cp /var/qmail/boot/home /var/qmail/rc
vi /var/qmail/rc               #  将 /Mailbox 改为 /Maildir/
cd ...
```

至此邮件服务已配置好，启动 Qmail：

```
/var/qmail/rc &                #  & 是后台启动
```

可以用 ps 命令查看 Qmail 进程：

```
ps -ax|grep qmail
```

安装口令验证程序 checkpassword，这是一个补充的外部程序，可以从 Qmail 相关的网站下载。安装很简单：

```
tar xvzf checkpassword-0.90.tar.gz
cd checkpassword-0.90
make setup check
cd ...
```

安装 TCP Server 收发等服务程序的操作：

```
tar xvzf ucspi-tcp-0.88.tar.gz
cd ucspi-tcp-0.88
make setup check
cd ...
```

将 Qmail 的启动文件加入系统启动文件中，也可采用手工启动方式。

```
cp rc.qmail /etc/rc.d/
echo "/etc/rc.d/rc.qmail">>/etc/rc.d/rc.local
```

安装完毕后，可以删除源文件目录，也可以不这么做，这只是为了系统的清洁。

```
rm ucspi-tcp-0.88-rf
rm qmail-1.03-rf
rm checkpassword-0.90-rf
```

Qmail 启动文件是 rc.qmail，其内容如下：

```
csh -cf '/var/qmail/rc' &                    # 启动 Qmail
/usr/local/bin/tcpserver -c 100 0 smtp /var/qmail/bin/qmail-smtpd &
                                             # 启动 smtp
/usr/local/bin/tcpserver 0 pop3 /var/qmail/bin/qmail-popup dky.net
/bin/checkpassword  /var/qmail/bin/qmail-pop3d Maildir &    # 启动 pop3
```

上面两句中的 smtp 端口是 25，pop3 端口是 110，可以直接换成端口值。

其中，-c 100 是 Limit 限制，更多的信息可以通过 "tcpserver ?" 得到帮助。

7.1.3 调试 Qmail

建立用户邮箱时，可以用 root 身份，也可以用用户身份，关键是用户 Maildir 目录的属主应该是用户本身，用 root 身份时，需要改变目录属主，因为 root 用户建立目录的属主是 root，而用户信箱目录的属主应该是用户本身。

先看以 root 身份做的情况（Sendmail 是发邮件程序，邮件用户是系统用户）：

```
cd /home/zk
/var/qmail/bin/maildirmake Maildir              # 建立用户 zk 的信箱
```

```
chown -R zk Maildir                              # 让用户 zk 成为属主
#
cd /home/u1
/var/qmail/bin/maildirmake Maildir               # 建立用户 u1 的信箱
chown -R u1 Maildir                              # 让用户 u1 成为属主
#
cd /home/u2
/var/qmail/bin/maildirmake Maildir               # 建立用户 u2 的信箱
chown -R u2 Maildir                              # 让用户 u2 成为属主
#
mail zk@dky.net                                  # 给用户 zk 发一封信
mail u1@dky.net                                  # 给用户 u1 发一封信
mail u2@dky.net                                  # 给用户 u2 发一封信
```

以用户本身登录时建立的目录属主就是自己，这时不用改变属主，但需要切换用户（su命令），下面是用户本身建立个人信箱的操作：

```
cp /var/qmail/bin/sendmail /usr/sbin/            # 可以实现在服务器上发邮件
su zk                                            # 改变用户
cd                                               # 进入用户目录
/var/qmail/bin/maildirmake Maildir               # 建立个人信箱
#
su u1                                            # 改变用户
cd                                               # 进入用户目录
/var/qmail/bin/maildirmake Maildir               # 建立个人信箱
```

Linux 系统中有一个目录，名为 /etc/skel，在建立用户时，系统会将该目录的内容自动建立在用户目录中，所以只要在这个目录下使用 maildirmake Maildir 则可。

例如：

```
cd /etc/skel
/var/qmail/bin/maildirmake Maildir
```

这时会看到 /etc/skel 下有了 Maildir 目录。以后每建立一个用户，用户目录下都会有 Maildir 目录。这个操作可以推广到其他应用。

如果不想给每个系统用户发送邮件，那还是一个一个建立为好，要说明的是给虚拟用户发送邮件不必使用 maildirmake，因为在建立虚拟用户时，已经自动地有了 Maildir 目录。

下面是发送邮件的操作：

```
mail zk@zk.net                                   # 在服务器上给 zk 发信
Subject:lx                                       # 输入主题
lxlxlxlxlxlxlxlxlx                               # 输入内容
.                                                # 结束
Cc:                                              # 抄送，一般按 Enter 键即可返回提示符
[root@li49 home]#ls zk/Maildir/new               # 能够看到来自服务器的信件
```

Maildi 目录的属主应该有全权，当发信成功时，在该目录的 new 目录下可以看到信，

在工作站上建立邮件账号，配置好接收邮件服务器 POP3 和发送邮件服务器 SMTP 的 IP 地址（Linux 服务器的 IP 地址）后就可以收发邮件了。

安装 Qmail 的参考程序（其中 patch 是补丁程序，高于 Red Hat 9.0 的版本要用）：

```
#!/bin/bash                               #  声明这是一个 Bash Shell 程序
#if RedHat 7.3 please del patch           #  如果是 Red Hat 7.3，不用打补丁程序
rpm -e sendmail --nodeps                  #  卸载 Sendmail，防止发生冲突
mkdir /var/qmail                          #  建立 Qmail 的工作目录
groupadd nofiles
useradd -g nofiles -d /var/qmail/alias alias
useradd -g nofiles -d /var/qmail qmaild
useradd -g nofiles -d /var/qmail qmailp
useradd -g nofiles -d /var/qmail qmaill
groupadd qmail
useradd -g qmail -d /var/qmail qmailq
useradd -g qmail -d /var/qmail qmailr
useradd -g qmail -d /var/qmail qmails
tar xvzf qmail-1.03.tar.gz                #  解压并安装 Qmail 主管理程序
cd qmail-1.03
patch -p1 < .../qmail-1.03.errno.patch    #  高于 Red Hat 版本，打补丁
make setup check                          #  编译安装
./config-fast dky.net                     #  配置域
cd /var/qmail/alias                        #  为 alias 建立三个空文件
touch .qmail-postmaster .qmail-mailer-daemon .qmail-root
chmod 644 .qmail*                          #  对文件授权
cd -
cp /var/qmail/boot/home /var/qmail/rc      #  复制配置文件
vi /var/qmail/rc                           #  修改配置文件
```

将文件中的 Mailbox 改为 Maildir：

```
exec env-PATH="/var/qmail/bin:$PATH"
qmail-start./Maildir splogger q
tar xvzf checkpassword-0.90.tar.gz               #  安装口令验证程序
cd checkpassword-0.90
patch -p1 <.../checkpassword-0.90.errno.patch
make setup check
cd ...
tar xvzf ucspi-tcp-0.88.tar.gz                   #  安装邮件收发服务
cd ucspi-tcp-0.88
patch -p1 < .../ucspi-tcp-0.88.errno.patch
make setup check
cd ...
cp rc.qmail /etc/rc.d/                            #  复制启动文件
echo "/etc/rc.d/rc.qmail">>/etc/rc.d/rc.local     #  设置开机启动
rm ucspi-tcp-0.88 -rf
```

```
rm qmail-1.03 -rf
rm checkpassword-0.90 -rf
```

在上面实验中 E-mail 用户是 Linux 系统用户。这种情况常用于内部局域网络或实验，对于一个开放的 E-mail 系统，其用户应该仅是邮件用户，这时要使用 vpopmail 程序建立虚拟用户，使用虚拟用户就不用安装 checkpassword 程序了。

7.1.4 安装 vpopmail 参考

vpopmail 是虚拟用户管理程序，用于替代 checkpassword，虚拟的 E-mail 用户是单独建立的，与系统用户无关，使用的命令是 vadduser。下面说明 Qmail 在虚拟用户下的安装、启动和建立用户。

1. 安装 vpopmail 操作

```
userdel vpopmail
groupdel vchkpw
  groupadd vchkpw
  useradd -g vchkpw vpopmail -d /home/vpopmail
  mkdir ~vpopmail/etc          #  ~vpopmail 是用户 vpopmail 的家目录
  echo ":allow"> ~vpopmail/etc/tcp.smtp
  tar zxfv vpopmail-4.9.6-1.tar.gz
  cd vpopmail-4.9.6-1
./configure --enable-roaming-users=y --enable-default-domain=mydomain.
com --enable-passwd=n
```

【注意】 --enable-roaming-users=y 支持漫游用户通过邮件服务器转发邮件。

```
make
  make install-strip
#crontab -e
```

进入编辑环境，其中 -e 表示 edit，参数表如下：

分钟　　　小时　　天　　　月　　　星期　　　命令

其中，分钟对应的取值为 0~59，小时的取值为 0~23，天的取值为 1~31，月的取值为 1~12，星期的取值为 0~6（0 表示星期日）。

例如，每 40 分钟运行一次 clearopensmtp 命令：

```
40 * * * * /home/vpopmail/bin/clearopensmtp 2>&1 > /dev/null
```

定时运行 /home/vpopmail/bin/clearopensmtp 程序，将记录清空。清空后重新进行访问验证，如果时间过快，系统会因验证次数的增加而繁忙；如果时间太长，意味着这个机器在一次访问后较长的时间内不提问密码，这对安全是不利的。如果这个设置前面标有"#"则表示不执行，使用默认参数。

```
/home/vpopmail/bin/vadddomain  mydomain.com  passswd
```

添加 mydomain.com 域，并创建 postmaster@mydomain.com 用户，密码是 passwd。

2. 安装 Qmail 的 Shell 程序

下面是安装 Qmail 虚拟用户方式的 Shell 程序，当使用 v 参数时，工作在虚拟用户方式下；如果没有参数则工作在系统用户方式下，如 "./install v"。其内容如下：

```
#!/bin/bash
#rpm -e sendmail --nodeps
mkdir /var/qmail
groupadd nofiles
useradd -g nofiles -d /var/qmail/alias alias
useradd -g nofiles -d /var/qmail qmaild
useradd -g nofiles -d /var/qmail qmailp
useradd -g nofiles -d /var/qmail qmaill
groupadd qmail
useradd -g qmail -d /var/qmail qmailq
useradd -g qmail -d /var/qmail qmailr
useradd -g qmail -d /var/qmail qmails
tar xvzf qmail-1.03.tar.gz
cd qmail-1.03
patch -p1 < .../qmail-1.03.errno.patch
make setup check
./config-fast dky.net
cd /var/qmail/alias
touch .qmail-postmaster .qmail-mailer-daemon .qmail-root
chmod 644 .qmail*
cd -
cp /var/qmail/boot/home /var/qmail/rc
vi /var/qmail/rc                # 将 /Mailbox 修改为 /Maildir/
cd ...
if [ $1 = 'v' ]; then
groupadd vchkpw
useradd -g vchkpw vpopmail -d /home/vpopmail
mkdir ~vpopmail/etc
chmod 666 ~vpopmail/etc
echo ":allow"> ~vpopmail/etc/tcp.smtp
tar xvzf vpopmail-5.2.1.tar.gz
cd vpopmail-5.2.1
./configure --enable-default-domain=dky.net --enable-passwd=n
make
make install-strip
/home/vpopmail/bin/vadddomain dky.net mydomain
cd ...
else
```

```
tar xvzf checkpassword-0.90.tar.gz
cd checkpassword-0.90
patch -p1 < .../checkpassword-0.90.errno.patch
make setup check
cd ...
fi
tar xvzf ucspi-tcp-0.88.tar.gz
cd ucspi-tcp-0.88
patch -p1 < .../ucspi-tcp-0.88.errno.patch
make setup check
cd ...
if [ $1 = 'v' ]; then
cp rc.qmailv /etc/rc.d/rc.qmail
/usr/local/bin/tcprules/home/vpopmail/etc/tcp.smtp.cdb/home/vpopmail/
etc/tcp.smtp.tmp < /home/vpopmail/etc/tcp.smtp
else
cp rc.qmail /etc/rc.d
fi
```

对 tcp.smtp 有任何变更，都必须将 tcprules 转换为 cdb 文件才会生效。

若 tcp.smtp 为空白，则表示拒绝所有的转换，因为预设的规则为 deny。

```
echo "/etc/rc.d/rc.qmail">>/etc/rc.d/rc.local
#cd /etc/skel
#/var/qmail/bin/maildirmake Maildir
```

3. Qmail 的启动

启动 Qmail 时，可以参考两个启动脚本：一个是使用系统用户方式的 rc.qmail；另一个是用于虚拟用户方式的 rc.qmailv，可比较一下。

用于系统用户方式的启动文件 rc.qmail 的内容：

```
csh -cf '/var/qmail/rc' &
/usr/local/bin/tcpserver -c 100 0 smtp /var/qmail/bin/qmail-smtpd &
/usr/local/bin/tcpserver 0 pop3 /var/qmail/bin/qmail-popup dky.net
/bin/checkpassword  /var/qmail/bin/qmail-pop3d Maildir &
```

用于虚拟用户方式的启动文件 rc.qmailv 的内容：

```
csh -cf '/var/qmail/rc' &
/usr/local/bin/tcpserver -v -x /home/vpopmail/etc/tcp.smtp.cdb -u UID
-g GID 0 smtp /var/qmail/bin/qmail-smtpd 2>&1 | /var/qmail/bin/splogger
smtpd 3 &
/usr/local/bin/tcpserver -H -R 0 110 /var/qmail/bin/qmail-popup dky.net
/home/vpopmail/bin/vchkpw /var/qmail/bin/qmail-pop3d Maildir &
```

在虚拟用户方式下，启动之前还要修改 rd.qmailv 文件，将其中的 UID（qmaild）和 GID（nofiles）写成实际值。查看：

```
cat /etc/passwd
```

用户的 UID 和 GID 也可以用命令求出：

```
qmailduid=`/usr/bin/id -u qmaild`      #  等效于 $(/usr/bin/id -u qmaild)
nofilesgid=`/usr/bin/id -g qmaild`
```

【注意】 上面命令中＝后是单撇号而不是单引号，可将上面两行加入 rc.qmailv 文件中，即将 UID 用 $qmailduid 代换，GID 用 $nofilesgid 代换。

其中，2>&1 是将标准输出和标准错误输出一起重定向到指定的日志文件 splogger。

4. 虚拟用户的建立

postmaste 是系统自动建立的域管理员，一个域有一个管理员。而虚拟用户要手动建立，建立虚拟用户的操作命令如下：

```
/home/vpopmail/bin/vadduser vu1 111111
/home/vpopmail/bin/vadduser vu2 222222
/home/vpopmail/bin/vadduser vu3 333333
```

vu1、vu2、vu3 是建立的 3 个虚拟方式用户，自动生成 Maildir，查看命令：

```
ls /home/vpopmail/domains/dky.net/vu1
ls /home/vpopmail/domains/dky.net/vu1/Maildir/new      #  目录为空表示没有信件
```

7.1.5 邮件发送和接收实验

1. 发送一封信

可以通过 Telnet 连接 25 端口来确认发送邮件服务器 SMTP 是否正常。

```
telnet 127.0.0.1 25
Trying 127.0.0.1...
Connected to 127.0.0.1.
Escape character is '^]'.
220 celldoft.com ESMTP
helo                        # 问候词命令，不是 hello
250 dky.net                 # 返回域名
mail from:<u2@dky.net>      # 发信及发信人地址
250 ok                      # 通过验证
rcpt to:<u1@dky.net>        # 收信及收信人地址，单域时，可 u1
250 ok                      # 通过验证
data                        # 写信命令
354 go ahead
lxlxlxlxlxlxlxlx            # 邮件内容
.                           # 结束符
250 ok 1039609833 qp 949
```

```
quit                            #  退出命令
221 dky.net
Connection closed by foreign host.
```

至此 u2 已成功地向 u1 发送了一封邮件。

2. 接收一封信

可以通过 Telnet 连接 110 端口来确认接收邮件服务器 POP3 是否正常。

```
telnet localhost 110
Trying 127.0.0.1...
Connected to 127.0.0.1.
Escape character is '^]'.
+OK <990.1039610509@dky.net>
user u1                         #  输入邮件用户名
+OK                             #  通过验证
pass u1                         #  输入口令
+OK                             #  通过验证
list                            #  一般列表看信
+OK
1 310                           #  第一封信，有 310 字节
2 270                           #  第二封信，有 270 字节
uidl                            #  用户 id 方式列表看信
+OK
1 1055525392.5674.li77          #  第一封信
2 1055525388.5678.li77          #  第二封信
.
retr 1                          #  读第一封信
+OK
Return-Path: <postmaster@dky.net>
Delivered-To: u1@dky.net
  by localhost with SMTP; 11 Dec 2003 17:30:10 -0000
lxlxlxlxlxlxl                   #  写信的内容
.                               #  输入内容终止符
quit                            #  退出
+OK
Connection closed by foreign host.
```

至此基本收发验证通过。

7.2   DHCP 服务器建立

DHCP（dynamic host configuration protocol，动态主机配置协议）是无盘工作站自举协议 BOOTP 的扩展，BOOTP 为无盘工作站分配 IP 地址。

DHCP 服务器多用于局域网络，有时也用于广域网的拨号服务器，使用 DHCP 服务器可以减少 IP 地址冲突的可能性，提高 IP 地址利用率。

7.2.1　DHCP 服务器的安装

大多数 Linux 系统中都包含 DHCP 服务，对于 Red Hat Linux 是以 RPM 的形式提供，只要简单地用 RPM 安装就可以了。

```
#rpm -i dhcpd-2.0b1p6-i386.rpm
```

tar.gz 格式的安装包使用更普遍，如果想获得最新版本的 DHCP 软件，可以到官网下载。下面是安装过程：

```
tar xvzf dhcp-2.0p15.tar.gz        #  解压 DHCP
cd dhcp-2.0pl5                      #  进入软件目录
./configure                        #  配置
make                               #  编译
make install                       #  安装
#groupadd nogroup
```

dhcpd 将地址数据库存储在 dhcpd.leases 中，当启动 dhcpd 服务时，必须包含该文件，所以当第一次安装时，可以用 touch 命令建立这样一个空文件：

```
touch /var/state/dhcp/dhcpd.leases
```

启动 DHCP 服务操作：

```
dhcpd
```

dhcpd 守护进程启动以后，就可以为客户提供 IP 地址了，可以使用以下命令查看地址分配情况：

```
cat /var/state/dhcp/dhcpd.leases
```

显示格式如下：

```
lease ip {statement}
```

其中 statement 包括租用的开始时间和结束时间，MAC 地址、客户 uid、客户主机名、指定客户的主机名以及废弃的 IP 地址。

7.2.2　dhcpd 配置文件 dhcpd.conf

dhcpd 服务进程使用的配置文件是 /etc/dhcpd.conf，有很多命令和参数，先看一个基本的应用，即完成一个基本的 IP 地址分配工作，其中一个重要的工作就是定义 IP 的分配区间。

```
#cat /etc/dhcpd.conf
```

```
default-lease-time 28800;                          #  默认的租用时间为 28800 秒
max-lease-time 43200;                              #  最大的过期时间为 43200 秒
option subnet-mask 255.255.0.0;                    #  子网掩码
option broadcast-address 10.65.255.255;            #  广播地址
option routers 10.65.0.1                           #  网关
option domain-name-servers 10.65.1.48;             #  DNS 服务器的 IP 地址
subnet 10.65.1.0 netmask 255.255.255.0 {           #  子网和子网掩码
range 10.65.1.50 10.65.1.100;                      #  范围为 50~100
range 10.65.1.150 10.65.1.250;                     #  范围为 150~250
}
subnet 10.65.8.0 netmask 255.255.255.0 {           #  子网和子网掩码
range 10.65.8.100 10.65.1.250;                     #  范围为 100~250
}
host w1 {
hardware ethernet 08:00:00:40:30:20               #  网卡的 MAC 地址
fixed-address 10.65.1.254                          #  固定 IP 地址
}
```

验证：让工作站不指定 IP 地址，采用自动获得方式。启动后查看 IP 地址。

7.2.3 DHCP 服务器的备份与中转

在一个网络中可以设置多个 DHCP 服务器，但多个服务器地址不可重合，以免发生客户机 IP 地址的冲突。为了达到备份的目的，可以将两个 DHCP 服务器的地址分配区间定义在一个网段的不同区间上。

dhcpsvr1 的区间定义如下：

```
subnet 10.65.8.0 netmask 255.255.255.0 {           #  子网和子网掩码
range 10.65.8.1 10.65.1.99;}                       #  范围为 1~99
```

dhcpsvr2 的区间定义如下：

```
subnet 10.65.8.0 netmask 255.255.255.0 {           #  子网和子网掩码
range 10.65.8.100 10.65.1.199;}                    #  范围为 100~199
```

DHCP 服务器是通过广播与客户机通信的，在不同的网段上要使用 DHCP，则要求路由器转发 67 和 68 端口的 UDP 数据包，但这样设置增加了网络广播，不利于网络的数据带宽。为了达到分配 IP 地址的目的而不让路由器转发广播包，可以使用 DHCP 中转计算机作 DHCP 服务器与客户机的桥梁，这个中转计算机需要安装 ISC-DHCP 软件。运行：

```
dhcprelay dhcpsvr1 chcpsvr2
```

有了 DHCP 中转，计算机就不需要很多的 DHCP 服务器了，管理起来也比较方便。

7.3　代理服务的使用

代理服务器是位于客户和客户要访问的服务器之间的系统。访问远程资源时代理服务器接受该请求，并取得该资源以满足客户机的请求。在通常情况下，代理服务器是客户机的服务器，同时也是远程服务器的客户。

代理服务还有一个优点，是曾经访问过的网站会暂存在缓冲中，当其他机器要访问这些站点时，先从缓存中读取数据，要比从站点下载快多了，提高了访问速度。

代理服务器可以在自己的缓冲区中存储被请求的内容，当这些信息再次被请求时，代理服务器就无须再从远程服务器上读取了，这样就减轻了网络的瓶颈问题。

代理服务器可分为前向代理服务器和逆向代理服务器。

（1）前向代理服务器通常位于用户主机和要访问的远程网络之间。它从远程服务器取得所要求的资源，然后返回给用户，同时存在磁盘上，以供下次使用。在这种情况下，客户端的主机知道它们正在使用代理服务器，因为每个主机都必须配置为使用代理服务器。所有的远程请求都通过代理服务器传输。这类代理服务器也称为缓冲代理服务器。逆向代理服务器也可以缓冲数据，但它的作用恰好与前向代理服务器相反。

（2）逆向代理服务器位于互联网资源前面，它从原始服务器找到被请求的资源，并返回给用户主机。与前向代理服务器不同的是，逆向代理服务器的用户并不知道它们连接的是代理服务器而不是资源服务器本身。

代理服务是一种应用很广的服务，如一条电话线或一条 ISDN 可以通过代理让多个人上网，当然代理的意义不仅是这些，还是有效管理网络的手段。代理服务的类型可以分为透明代理与非透明代理：透明代理的客户端不用安装客户端软件，将机器的默认路由指定代理；非透明代理要在客户端运行专门的客户端代理软件。

7.3.1　Apache 代理服务

Apache 是著名的 Web 服务器，其自身带了一个 mod_proxy 模块，具有实现代理服务的功能，Apache 代理服务提供了用户验证、缓存代理、代理接力、访问控制等功能。如果机器的 Web 服务负载不是很重，可以考虑使用 Apache 兼作代理。

httpd.conf 中有一段语句专门用来设置代理服务，内容如下：

```
# Proxy Server directives. Uncomment the following lines to
# enable the proxy server:
#<IfModule mod_proxy.c>
# ProxyRequests On              # 控制打开代理功能
#   <Directory proxy:*>
#       Order allow, deny
#       Allow from .your_domain.com
#       Deny from all
```

```
#      </Directory>
#Allow                        #  设置允许使用代理服务的机器、部分域名机器或部分 IP 机器
# ProxyVia On
# CacheRoot "/usr/local/apache/proxy"
# CacheSize 5                 #  以 KB 为单位，根据机器性能设定
# CacheGcInterval 4           #  以小时为单位，定时检查过期文件的时间
# CacheMaxExpire 24           #  系统最大过期时间（小时），若缓存中文件超过此值，则删除
# CacheLastModifiedFactor 0.1      #  过期因子
#   过期时间 =（修改时间 - 当前时间）× 因子
# CacheDefaultExpire 1             #  系统默认的过期时间
#</IfModule>
# End of proxy directives.
```

（1）让 Apache 充当远程 WWW 站点的缓冲。

```
# ProxyRequests On            #  控制打开代理功能
# CacheRoot/www/cache
# CacheSize 1024
# CacheMaxExpire 24
```

这里的意思是设置 Cache 目录为 /www/cache；大小为 1024KB，即 1MB；缓冲中的内容在 24 小时后失效。

（2）建立镜像站点（逆向代理服务器）。

```
# ProxyRequests On            #  控制打开代理功能
# ProxyPass/www.mot.com/
# CacheRoot/www/cache
# CacheDefaultExpire 24
```

Apache 代理服务是它附带的功能，一般只在小范围内使用。如果要为较多的用户提供代理服务，建议使用专用代理服务器 Squid。

7.3.2 Squid 代理服务

Squid 是 UNIX 下非常流行的代理服务器软件，它功能强大，支持对 HTTP、FTP、Gopher 等协议的代理，而且设置简单，只需对配置文件稍稍改动就可使代理服务器运转起来。Squid 具有页面缓存功能，它接收用户的下载申请，并自动处理所下载的数据。也就是说，当用户下载一个页面时，它向 Squid 发出一个申请，要 Squid 替它下载，然后 Squid 连接所申请网站并请求该页面，接着把该页面传给用户，同时保留一个备份，当别的用户申请同样的页面时，Squid 立即把保存的备份传给用户，使用户觉得速度很快。

1. 特点与安装

Squid 是一个专用的代理服务软件，其功能强大，智能性高，灵活性强，可以进行访问控制、流量记录分析与控制。

Squid 代理源代码可以从 squid.nlanr.net 站点获得，安装方法如下：

```
tar xvzf squid-2.3.STABLE4-src.tar.gz      #  解压代理安装程序
cd squid-2.3.STABLE4
/configure --prefix=/usr/local/squid       #  安装目录
make                                        #  编译
make install                                #  安装
```

安装完毕后，在安装目录下有以下几个目录。

bin：存放代理的可执行程序。

etc：存放配置文件。

Logs：存放日志文件。

2. 配置文件 squid.conf

修改配置文件 vi /usr/local/squid/etc/squid.conf 的内容

```
httpd_port 3128 8080                       #  代理服务端口
cache_mem 80 M                             #  定义内存缓冲区，常为系统内存的 1/3
httpd_access allow all                     #  httpd 允许所有访问
#dns_nameservers 202.96.199.133            #  上海的 DNS 服务器
dns_nameservers 202.106.0.20               #  北京的 DNS 服务器
dns_nameservers 10.65.1.49                 #  局域网的 DNS 服务器
cache_dir ufs /usr/local/squid/cache 100 16 256
```

定义 Squid 硬盘缓冲的大小，其中 100 表示占用 100MB 的硬盘空间，16 是一级子目录数，256 是二级子目录数。

```
refresh_pattern[-i] regex min percert max
```

其中，refresh_pattern 是刷新模式，其参数说明如下。

[-i]：可选项，表示不区分文件名的大小写。

regex：ftp 声明适用于 FTP 模式接收的文件，gopher 声明适用于 gopher 模式接收的文件。

min：最小对象年龄，小于此数则属于较新的数据。单位为分钟。

max：最大对象年龄，大于此数则属于过期数据，应该删除。

percent：相对的获取时间。

例如：

refresh_pattern	^ftp:	1440	20%	10080
refresh_pattern	^gopher:	1440	0%	1440
refresh_pattern	.	0	20%	4320

访问控制（access control，ACL）用来阻止或允许特定流量的流入和流出，是系统安全的一个策略。

语法结构如下：

```
acl 对象  属性  设置
```

175

参数说明如下。

对象：all、manger、localhost、SSL_prots、Saft_prots。

属性：

proto 表示协议，对应的设置有 FTP、HTTP 等。

Src 表示 IP 资源，对应的设置是 IP Address/netmask 信息。

Method 表示某种执行连接方式。

Dstdomain 表示域名数据，对应的设置是域名数据。

Time 表示时间日期，对应的设置是时间，如 W 8:00-12:00，其中 W 表示星期三。

下面是几条定义例句：

```
acl all src 0.0.0.0/0.0.0.0                      # 定义 all IP 地址范围
acl localhost src 127.0.0.1/255.255.255.255   # 定义 localhost=127.0.0.1
acl Safe_ports port 80 21 443 4000 563 70 210 1025-65535      # 定义端口
```

下面是几条访问控制例句：

```
http_access allow Safe_ports       # 允许访问代理服务器的端口
http_access allow all              # 允许所有的 IP 地址访问代理服务器
http_access deny all !localhost    # 除了本机外，禁止其他 IP 地址访问
```

3. 运行 Squid

将修改好的 squid.conf 复制到指定目录下：

```
cp squid.conf /usr/local/squid/etc
```

让 nobody 用户成为 Squid 目录及子目录的属主，并授权：

```
chown -R nobody /usr/local/squid
chmod 755  /usr/local/squid
```

下面是 Squid 的启动，启动之前先建立交换目录：

```
/usr/local/squid/bin/squid -z
/usr/local/squid/bin/squid start
```

若要开机启动：

```
echo "/usr/local/squid/bin/squid start">>/etc/rc.d/rc.local
```

4. 调试实验

先做到让代理服务的机器本身可以上网，在 Linux 下可以使用 Mozilla 或其他浏览器访问 Internet，再为其他站点代理。

验证 DNS 成功与否：

```
nslookup 域名
```

应该能够解析出应的 IP 地址。

在 Squid 中有一个调试工具，即 client 程序，它可以模拟客户端的操作要求，client 的

默认端口是 3218，也可以在命令中指定，client 可以得到访问某网址的数据下载的平均时间，例如：

```
/usr/local/squid/bin/client-g 0-h www.xydt.net -p 80 /
```

这时会显示请求的网址下载数据的时间、次数、秒数和字节数，当用 Ctrl+C 组合键中断时会报告请求的次数以及最小、平均、最大的时间。例如：

```
20 requests, round-trip (sesc) min/avg/max=0.194/0.555/2.631
```

如果输入的是一个不存在的网址或代理没有工作，会报告错误 ERROR。

如果出现错误，可以使用调试手段，让 Squid 的所有出错信息和调试在前台显示出来。使用命令：

```
/usr/local/squid/bin/squid-N-d1-D
```

其中，-N 表示在前台工作；-d1 表示调试级别为 1；-D 表示不进行 IP 反向解析域名。

工作站有以下两种常见的设置方式。

（1）将 IP 网关指向代理服务器，这种情况叫作透明代理。

（2）选择 IE →“属性”命令，单击选中“连接”选项卡，单击“局域网设置”按钮，选中“为 LAN 使用代理服务器”，输入 IP 地址和端口（3128），单击“确定”按钮。

Squid 支持这两种情况，建议使用后者，若使用后者则要求对 Squid 进行相应的设置。

当要求同时支持内部局域网和互联网主机浏览时，可以在 squid.conf 中设置两个 DNS：一个是外部的，另一个是内部的。

设置允许 IP 转发，将文件 /proc/sys/net/ipv4/ip_forward 的内容 0 改为 1，可以使用 vi 或下面命令：

```
echo "1">/proc/sys/net/ipv4/ip_forward
```

7.4　综合安装各种服务 Shell 程序

综合安装 Apache、named、ProFTPD、dhcpd、Squid、Qmail、MySQL、Telnet 等各种服务，建议事先保存好相应的配置文件，在安装完后，将其复制到相应的目录下。本实验对于 Samba、named、Apache、iptables 等采用 Linux 系统集成，对于其他服务单独安装。

设置系统启动运行的进程，用 ntsysv 管理程序。执行：

```
vtsysv
```

选中 smb[*] 和 named[*]，不选择 Sendmail，因为使用 Qmail。

7.4.1　网络参数和启动程序设置

如果有多人在做实验，注意主机名 IP 地址不要冲突。先查看主机名 hostname 或直接

修改 /etc/sysconfig/network 及 /etc/hosts 文件。

参考的 /etc/hosts 文件内容：

```
# Do not remove the following line, or various programs
# that require network functionality will fail.
127.0.0.1 localhost.localdomain       localhost
10.65.1.48       zkli.dky.net         zkli
```

参考的 network 文件内容：

```
NETWORKING=yes
HOSTNAME="zkli.dky.net"
GATEWAY="10.65.0.1"
GATEWAYDEV="eth0"
FORWARD_IPV4="no"
```

参考的启动服务文件 /sbin/st 内容：

```
ifconfig eth0:1 10.65.1.49 netmask 255.255.0.0
#  "eth0:1" 表示第一块网卡的第一个 IP 地址
ifconfig eth0:2 10.65.1.50 netmask 255.255.0.0
#  "eth0:2" 表示第一块网卡的第二个 IP 地址
/usr/local/mysql/bin/safe_mysqld &            # 启动 MySQL，& 表示在后台运行
/usr/local/apache/bin/apachectl start         # 启动 Apache
/usr/local/proftpd/sbin/proftpd start         # 启动 FTP
dhcpd                                         # 启动 DHCP
```

设置 st 文件权限，并加入启动脚本文件中：

```
chmod 755 st                                  # 给 st 授权
echo "/sbin/st">> /etc/rc.d/rc.local          # 将字符串追加到启动文件中
#cat st >> /etc/rc.d/rc.local                 # 将 st 内容追加到启动文件中
cat /etc/rc.d/rc.local                        # 看启动文件
```

7.4.2　参考安装程序 Shell 脚本

```
#!/bin/bash
#  安装 apache_1.3.27
#tar xvzf apache_1.3.27.tar.gz
#cd apache_1.3.27
#./configure --prefix=/usr/local/apache
#make
#make install
#cd ...
#echo "AddDefaultCharset GB2312">> /usr/local/apache/conf/httpd.conf
#rm apache_1.3.27 -rf
#
```

```
#　添加用户并建立共享目录
useradd zk -g root
passwd zk
useradd xxx -g root -d /home/zk
passwd xxx
useradd uu
passwd uu
useradd u1
passwd u1
useradd u2
passwd u2
smbpasswd -a root
smbpasswd -a zk
smbpasswd -a xxx
smbpasswd -a uu
smbpasswd -a u1
smbpasswd -a u2
mkdir /home/mysmb
chmod 777 /home/mysmb
reboot
#
#　安装 mysql-3.23.33
# tar xvzf mysql-3.23.33.tar.gz
# cd mysql-3.23.33
# ./configure --prefix=/usr/local/mysql
# make
# make install
# cd ...
# /usr/local/mysql/bin/mysql_install_db
#
#　安装 mysql-4.1.11
tar zxvf mysql-standard-4.1.11-pc-Linux-gnu-i686.tar.gz
ln -s /mnt/li/mysql-standard-4.1.11-pc-Linux-gnu-i686 /usr/local/mysql
cd /usr/local/mysql
scripts/mysql_install_db
cd bin
./mysqld_safe --user=root &
#./mysqld_safe &
#netstat -ant
#./mysqladmin -u root password 'mysql'
#./mysqladmin -u root -h Localhost password 'mysql'
#./mysql -u root -p
#
#　组合安装 apahce_1.3.27 和 php-4.3.10
tar xvzf apache_1.3.27.tar.gz
cd apache_1.3.27
```

```
./configure --prefix=/usr/local/apache
cd ...
#
tar xvzf php-4.3.10.tar.gz
cd php-4.3.10
./configure --with-mysql=/usr/local/mysql --with-apache=.../apache_1.3.27
make
make install
cp php.ini-recommended /usr/local/lib/php.ini
cd ...
#session.auto_start=1
#session.use_trans_sid=1
#register_globals=On
#
cd apache_1.3.27
./configure --activate-module=src/modules/php4/libphp4.a
make
make install
cd ...
exit
#
#   安装 Apache 2
tar xvzf httpd-2.0.46.tar.gz
cd httpd-2.0.46
./configure --prefix=/usr/local/apache --enable-module=so --enable-
module=rewrite
make
make install
cd ...
#
tar xvzf php-4.3.10.tar.gz
cd php-4.3.10
./configure --with-apxs2=/usr/local/apache/bin/apxs --with-mysql=/usr/
local/mysql --with-config-file-path=/usr/local/apache/conf
#   如果不指定配置文件 php.ini 的位置，则默认在安装目录下
make
make install
cp php.ini-dist /usr/local/apache/conf/php.ini
cd ...
#session.auto_start=1
#session.use_trans_sid=1
#register_globals=On
#echo "AddType application/x-httpd-php .php">> /usr/local/apache/conf/
httpd.conf
#echo "AddType application/x-httpd-php-source .phps">>/usr/local/apache/
conf/httpd.conf
#
```

```
#  安装 ProFTPD
tar xvzf proftpd-1.2.8.tar.gz
cd proftpd-1.2.8
./configure --prefix=/usr/local/proftpd
make
make install
cd ...
groupadd nogroup
userdel ftp
useradd ftp
#
#  安装 IP 地址自动分配服务
tar xvzf dhcp-2.0pl5.tar.gz
cd dhcp-2.0pl5
./configure
make
make install
cd ...
touch /var/state/dhcp/dhcpd.leases
#
#  安装代理服务器
tar xvzf squid-2.3.STABLE4-src.tar.gz
cd squid-2.3.STABLE4
./configure --prefix=/usr/local/squid
make
make install
# vi /usr/local/squid/etc/squid.conf
chown -R nobody /usr/local/squid
/usr/local/squid/bin/squid -z
/usr/local/squid/bin/squid start
#vi /proc/sys/net/ipv4/ip_forward    # 0->1
echo "1"> /proc/sys/net/ipv4/ip_forward
#
#  设置开机启动
chmod 755 st
cp st /sbin
 echo "st">>/etc/rc.d/rc.local
reboot
#
#  配置文件的位置参考
#cp via-rhine.o /lib/modules/2.4.2-2/kernel/drivers/net/
#cp named/dky.net /var/named/
#cp named/10.65 /var/named/
#vi /etc/named.conf
#vi /etc/httpd/conf/httpd.conf

#vi /etc/dhcpd.conf
#vi /usr/local/apache/conf/httpd.conf
```

```
#vi /usr/local/proftpd/etc/proftpd.conf
#vi /usr/local/squid/etc/squid.conf
#vi /etc/sysconfig/network-scripts/ifcfg-eth0
#vi /etc/pam.d/login                    # securetty.so
#vi /etc/xinetd.d/telnet                # disable=no
#vi /etc/services
#vi /etc/inittab
#vi /etc/resolv.conf
#vi /etc/sysconfig/network
#vi /etc/hosts
#vi /etc/passwd
#vi /etc/group
#vi /etc/samba/smb.conf
#vi /etc/samba/smbuser smbpasswd
#   常用命令参考
#ntsysv                                 #;smb[*] named[*] mail[]
#setup                                  #;ip,no fire wall
#mount /dev/fd0 /mnt/floppy
#mount /dev/hda1 /mnt/c
#mount /dev/cdrom /mnt/cdrom
#mount -t vfat /dev/sdb /mnt/usb
#mount //ks/li li
#nslookup ip                  #host ip
#ps -ax|grep smb httpd mysql dhcpd  proftpd  squid  qmail tcpserver
#service network start named xinetd httpd smb vsftpd
#/etc/rc.d/init.d/smb start  named  xinetd
#   用 vi 编辑文件时，0 表示至文件顶端 top, $ 表示至文件尾 end
#find / -name filename    #  /string 表示找字符串, n=next
#whereis ls
#which ls
#locate httpd.conf
```

这个 Shell 程序中给出了一些关于配置文件的编辑操作，如 vi /etc/service，其目的是说明文件的位置。后边的 mount、ps、service 等命令是提示命令的使用方法。

这个 Shell 程序的内容和句法很有参考价值。

本 章 小 结

本章对于初学者来讲是较深的内容，主要讲解了 Qmail、Squid 及 Shell 的应用。

先对 Qmail 系统的安装、用户信箱设置及其测试进行了讲解，注意 smtp 和 pop3 的功能和地址。mail 用户有两种方式：一种是使用系统用户，另一种是使用虚拟用户。

又对 Squid 代理服务的意义和使用进行了讲解。代理有透明代理和非透明代理，前者使用方便，后者控制力更强。

本章还讲解了 DHCP 服务的应用，这也是网络中常用的一种服务，为客户端自动分配 IP 地址。Ghost 远程复制操作就用到了这一服务。

学习系统安装与设置，应养成使用 Shell 的习惯，可以提高学习的效率。

习　题

一、简答题

1. smtp 和 pop3 分别是什么服务？使用的端口是什么？

2. mail 使用虚拟用户的特点是什么？

3. Squid 代理服务器的作用是什么？

4. 什么是透明代理？

5. DHCP 服务器的作用是什么？

6. 如何建立个人信箱？

二、操作题

1. 安装 Qmail 服务器，并测试邮件的收发。

2. 安装 DHCP 服务器，测试工作站是否可以获得 IP 地址。

第 8 章 Linux 防火墙 iptables

- 防火墙的任务；
- TCP 的连接与状态；
- iptables 中的表和链；
- iptables 中的规则；
- 防火墙举例。

防火墙是设在内部网和外部网之间的一道关卡，从安全性的角度而言，外部网络可分成可信任网络和不可信任网络两种。防火墙对内部网络的保护作用主要有三点：其一，禁止来自不可信任网络的用户或信息流进入内部网络；其二，允许可信任网络的用户进入内部网络，并以规定的权限访问网络资源；其三，允许来自内部网络的用户访问外部网络。

防火墙是目前广泛使用的一种网络安全设施，它设定被保护网络具有明确定义的边界和服务，并且安全威胁仅来自外部网络，通过设置安全规则对流经防火墙的数据流进行监控和过滤，拒绝有害数据通过防火墙到达内部网络。防火墙可以依据一定的安全策略和规则对外来信息流进行安全检查，然后确定是否将信息流转发给内部网络。

iptables 和 ipchains 都是基于 Linux 的防火墙软件，iptables 比 ipchains 更强大，iptables 对包的处理和 ipchains 不同，已经从"链"变成了"堆叠表"，更重要的是 iptables 可以是基于"状态"的。用它可以构建强大的防火墙，市场上有些防火墙就是用 iptables 做的。

Red Hat 中集成了 iptables，也可以下载单独的安装包。

8.1 防火墙的任务

防火墙在保障安全的过程中是非常重要的。防火墙策略一般要符合四个目标，而每个目标通常都不是由一个单独的设备或软件来实现的，大多数情况下要综合使用防火墙的策略，以满足公司的安全需求。

1. 实现一个公司的安全策略

防火墙的主要意图是强制执行安全策略，如要对 mail 服务器的 SMTP 流量做限制，那么就要在防火墙上进行相关设置。

2. 创建一个阻塞点

防火墙一般在网络入口建立检查点，称为阻塞点。所有的流量都要经过这个阻塞点。一旦建立检查点，防火墙就可以监视、过滤和检查所有进出的流量。通过阻塞点，管理员可以集中实施安全策略。

3. 记录 Internet 活动

防火墙还能强制记录日志，并且提供警报功能。通过在防火墙上实现日志服务，管理员可以监视所有从外部网络访问内部网络的数据包。良好的日志功能是网络管理的有效工具之一。

4. 限制网络暴露

防火墙在网络周围创建了一个保护边界。可以对公网隐藏内部网络系统的信息，增加保密性。当远程节点侦测内部网络时，仅能看到防火墙。远程设备不会知道内部网络的情况。防火墙提高了认证功能和对网络的加密，限制网络信息的暴露。通过对进入数据包的检查和控制，限制从外部网络发动的对内部网络的攻击。

8.2　TCP 的状态与连接

8.2.1　状态

首先来看一下服务器端和客户端的交互原理。服务器中特定的后台程序提供了具有某种特定功能的服务。在 TCP/IP 网络中，常常把这个特定的服务绑定到特定的 TCP 或 UDP 端口。之后，该后台程序就不断地监听该端口，一旦接收到符合条件的客户端请求，该服务进行 TCP 握手后就同客户端建立一个连接，响应客户请求。与此同时，再产生一个该绑定的备份，继续监听客户端的请求。

假设网络中有一台服务器 A（IP 地址为 1.1.1.1）提供 WWW 服务，另有客户端 B（IP 地址为 2.1.1.1）、C（IP 地址为 3.1.1.1）。

服务器 A 运行 Apache 提供 WWW 服务，并且使用默认端口 80，即监听 80 端口。当 B 发起一个连接请求时，B 将打开一个大于 1024 的连接端口，假设为 1037。A 在接收到请求后，用 80 端口与 B 建立连接以响应 B 的请求，同时产生一个 80 端口绑定的备份，继续监听客户端的请求。

假如 A 又接收到 C 的连接请求（设连接请求端口为 1071），则 A 在与 C 建立连接的同时又产生一个 80 端口绑定的备份（建立一条虚电路），继续监听客户端的请求。

因为系统是以源地址、源端口、目的地址、目的端口来标识一个连接的，所以在这里每个连接都是唯一的。

上面叙述可表示如下。

服务器端　　　　　　客户端

连接 1：1.1.1.1:80 <=> 2.1.1.1.1:1037

连接 2：1.1.1.1:80 <=> 3.1.1.1.1:1071

例如，在 10.65.0.46 上通过 IE 访问 10.65.1.45，在 10.65.1.45 上执行：

```
netstat -anp tcp
```

可以看到 "10.65.1.45:80 from 10.65.0.46:1377 ESTABLISHED"（建立连接）。要求连接的一端是客户端，被连接的一端是服务器端，而在建立连接时，客户端要自动产生一个大于 1024 的端口，然后进行连接会话。

每一种特定的服务都有自己特定的端口，一般小于 1024 的端口被系统占用，如 WWW、FTP 等，从 512 到 1024 的端口一般由 UNIX TCP/IP 应用程序使用。Linux 中 /etc/services 文件记录了应用程序和使用的端口，要查看 tftp 的端口，可以用 vi /etc/services，再在 vi 命令方式下，输入 /tftp 并按 Enter 键。

每个网络连接包括源地址、目的地址、源端口、目的端口、协议类型、连接状态（TCP）和超时时间等。

其中状态是在 TCP 连接过程中的步骤，能够检测到连接状态的防火墙叫作状态包过滤防火墙。iptables 就是基于状态过滤的防火墙，iptables 除了能够完成简单包过滤外，还在内存中维护一个跟踪连接状态的表，比简单包过滤防火墙具有更大的安全性。

iptables 中的状态检测功能是由 state 选项来实现的，即

```
--state state
```

state 是一个用逗号分隔的列表，表示要匹配的连接状态，在 iptables 中有以下四种状态。

（1）NEW：表示要建立一个连接，连接的第一个包一般是 SYN，即使不是 SYN 包也会被认为是 NEW 状态，因为它是第一个。比如一个特意发出的探测包，虽然 RST 位被置 1，但仍然是 NEW 状态。

（2）ESTABLISHED：表示分组对应的连接已经进行了双向的分组传输，不管这个包是发往防火墙的，还是防火墙转发的。对于 TCP 连接而言是发送接后收到了应答。

（3）RELATED：处于 ESTABLISHED 状态下的数据包会被认为是 RELATED。也就是说，一个连接要想是 RELATED 状态，首先要存在一个 ESTABLISHED 连接。

（4）INVALID：如在 NEW 状态下收到的不是应答包，会进入 INVALID 状态，如内存溢出、非法探测包等。一般地，应该丢弃这个状态的数据包。

8.2.2 TCP 的三次握手过程

一个 TCP 连接是通过三次握手的方式完成的。首先客户端发出一个同步请求包（SYN=1），其次服务器端回应一个同步应答包（SYN=1、ACK=1），最后客户端返回给服务器一个应答包（ACK=1），至此三次握手连接完成。整个过程如表 8-1 所示。

表 8-1 TCP 的三次握手过程

客 户 端	服 务 器 端
SYN →	收
收	← SYN+ACK
ACK →	收

动手操作：分析 TCP 连接状态。

（1）设客户端（192.168.5.200）要访问服务器端（192.168.5.218）WWW 服务。将服务器端的 WWW 服务开放。

（2）在客户端运行 sniffer，设置过滤：选择主菜单 monitor 下的 Define Filter。

单击选中 Advanced 选项卡，选中 IP，单击 ⊞ 会出现可选择的协议，如图 8-1 所示。

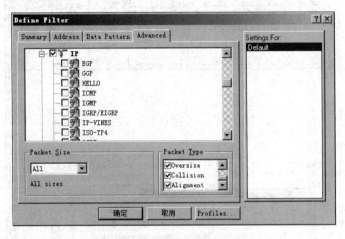

图 8-1　sniffer 的过滤定义操作

下拉滚动条，选中 TCP 下的 FTP 和 HTTP，如图 8-2 所示。

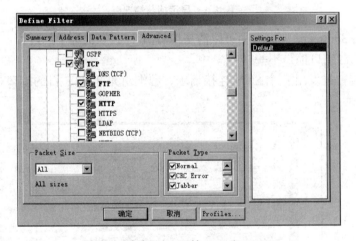

图 8-2　选中 TCP 下的 FTP 和 HTTP

单击"确定"按钮，过滤设置完毕。

单击主界面工具栏中的 Start 按钮 ▶，启动捕获。

（3）通过 IE 浏览器访问 IP 地址 192.168.5.218 或在命令行输入：

```
C:/>telnet 192.168.5.218 80
get   #  返回命令行
C:/>
```

（4）当捕获到数据时，主界面工具栏中的 Stop and Display 按钮 有效，说明已经捕获了数据。单击 按钮，会出现 Sniffer Expert 窗体，单击选中下边的 Decode 选项卡，就会显示捕获情况，如图 8-3 所示。

图 8-3　显示捕获情况

从图 8-3 的 Summary 数据栏中可以清楚地看出 TCP 三次握手的过程。

每次请求的源端口都是不一样的。

（1）客户端首先发出一个 SYN 连接请求，源端口是 3289，目的端口是 80，如图 8-4 所示。

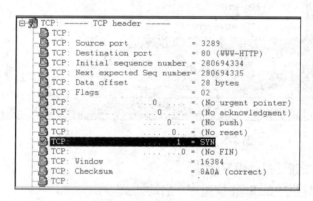

图 8-4　客户端发出的请求连接包

（2）服务器端收到请求后应答一个 SYN+ACK，因为是服务器端应答客户端，所以源端口是 80，目的端口是 3289，如图 8-5 所示。

（3）客户端再答复一个 ACK，如图 8-6 所示。至此三次握手的过程结束，一个正常

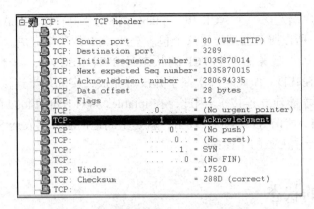

图 8-5　服务器端返回的 SYN+ACK 确认

的连接已建立。

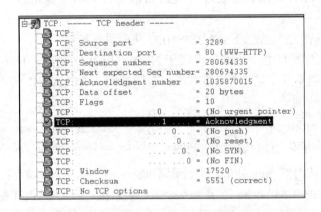

图 8-6　客户端返回 ACK 的确认包

需要注意的是，一个正常发起的请求的 SYN 位是 1，若一个新数据包的 SYN 位是 0，这个包肯定有问题。

8.2.3　TCP 三次握手的状态

为了跟踪一个 TCP 连接的状态，可以在服务器端使用以下命令进行过滤：

```
iptables -A INPUT -p tcp -m state --state NEW,ESTABLISHED,RELATED -j ACCEPT
iptables -A OUTPUT -p tcp -m state --state ESTABLISHED -j ACCEPT
```

其中，-A 表示添加；-p 表示协议；-m 表示匹配；--state 表示状态；-j 表示跳转到。
在连接建立过程中状态表的变化如下。

（1）客户端发送的 SYN 请求进入 iptables 的 INPUT 链，iptables 将此状态定义为 NEW，因为规则允许，这个请求包被接受。

（2）服务器端返回一个 SYN+ACK 的包，这个包要经过 iptables 的 OUTPUT 链，由于之前曾经收到一个包，此时 iptables 状态变成 ESTABLISHED，按照规则，这个包被成功发送出去。

（3）接下来客户端发送一个 ACK 包，iptables 将这个包看作 RELATED，由于 INPUT 中允许 RELATED，所以服务器端接受这个包。至此 TCP 的连接完成。

在第二步的时候，服务器端上 TCP 的状态是 SYN_RECVD，对于 iptables 来讲，状态已经是 ESTABLISHED，但此时三次握手并没有完成，实际是半连接（对于 TCP 来讲，必须经过三次握手才能建立连接）。因此，在 iptables 面对 SYN Flood 的攻击时，可以通过 SYN 流量来控制。所谓 SYN Flood 攻击，就是不断地向服务器发送 SYN 状态包，而不给回应，使服务器产生无数的半连接。

8.2.4 ICMP 的状态

ICMP 有四种常用分组：echo 请求（8）和 echo 应答（0）、时间戳请求（13）和应答（14）、信息请求（15）和应答（16）以及地址掩码请求（17）和应答（18），其中数字号是类型码。

iptables 可将其视为 NEW、ESTABLISHED 从而进行控制。

这些 ICMP 分组类型中，请求分组属于 NEW，应答分组属于 ESTABLISHED。而其他类型的 ICMP 分组不基于请求 / 应答方式，一律被归入 RELATED。

先看一个简单的例子：

```
iptables -A OUTPUT -p icmp -m state --state NEW, ESTABLISHED, RELATED -j ACCEPT
iptables -A INPUT -p icmp -m state --state ESTABLISHED, RELATED -j ACCEPT
```

这个例子允许从内部 ping 外部，但外部不能 ping 内部。分析如下：

ping 操作发出的 ICMP echo 请求是一个 NEW 连接，在 OUTPUT 链中被允许。当请求的应答返回时，由于两个方向上都发包了，此时 iptables 的连接状态是 ESTABLISHED，所以允许通过 INPUT 链。

由于 INPUT 链中不允许 NEW 状态，所以 echo 请求不能通过 INPUT 链。这两条规则导致内部主机可以 ping 通外部主机，而外部主机不能 ping 通内部主机。

8.3 iptables 中的表和链

一个包进入或者被送出或者被转发的，依据是什么呢？都会经过哪些表和链呢？

iptabeles 中有三个表，分别为 filter、nat、mangle，默认是 filter 表，若要使用其他表，则要求用 -t 参数来指定。

8.3.1 filter 表

filte 表是最常用的，该表可以使用三个链（链是规则的集合）INPUT、OUTPUT、FORWARD，用来对封包进行过滤处理，如 DROP、ACCEPT、REJECT、LOG、RETURN 等。

当数据包到达防火墙时，根据规则决定是发送给本地网络，还是转发给其他主机。

filter 表中的三个链介绍如下。

INPUT：对进入本机的封包的处理。

OUTPUT：对从本机发送出去的封包的处理，通常放行所有封包。

FORWARD：对源 IP 地址和目的 IP 地址都不是本机且要穿过防火墙的封包，进行转发处理。

对于封包的处理如下。

DROP：丢弃该数据包。

ACCEPT：接受该数据包。

REJECT：丢弃该数据包，并返回 ICMP 数据包，此路不可达。

LOG：允许该数据包，对此数据包进行记录。

RETURN：用于被调用链的返回。

8.3.2　nat 表

nat 表用于地址转换，可以做目的地址转换和源地址转换，可做一对一、一对多、多对一的转换。nat 表有以下两条规则链。

PREROUTING：进行目的 IP 地址的转换，对应 DNAT 操作。

POSTROUTING：进行源 IP 地址的转换，对应 SNAT 操作。

对于封包的处理如下。

DNAT：对数据包的目的地址进行转换，一般用于外部主机访问内部主机时。因为内部主机往往使用私有 IP 地址，而 internet 可以访问的是公有 IP 地址，所以要转换。

SNAT：对数据包的源地址进行转换，一般用于内部主机访问外部主机时，包括返回的数据包或特意要隐藏内部网络 IP 地址的情况，将局域网络的私有地址转换为公有 IP 地址。

MASQUERADE 的作用和 SNAT 类似，通过 PPP、PPPOE、SLIP 等拨号查找可用的 IP 地址。

8.3.3　mangle 表

mangle 是对数据包的一些传输特性进行修改，在 mangle 表中允许的操作是 TOS、TTL、MARK 等。

TOS 操作用来设置或改变数据包的服务类型域。常用来设置网络上的数据包如何被路由等策略，在 Internet 上还不能使用。

TTL 操作用来改变数据包的生存时间域，单独的计算机是否使用不同的 TTL，以此作为判断连接是否被共享的标志。

MARK 用来给包设置特殊的标记，决定不同的路由，用这些标记可以做带宽限制和基于请求的分类。

mangle 链在实际中使用较少。

8.3.4　iptables 的流程

外部网络的数据包进入 iptables 防火墙以后的流程如图 8-7 所示。

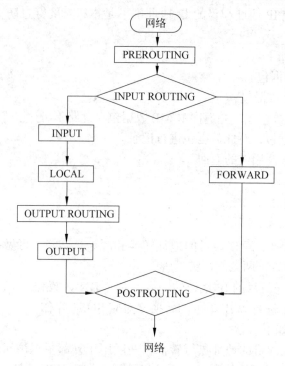

图 8-7　数据包进入 iptables 防火墙以后的流程

首先进入 nat 表的 PREROUTING 链进行 DNAT 操作，对数据包的目的地址进行转换，然后实施路由决策，这时有两条路：一条路是通过 filter 表的 INPUT 链，进入本机 Local host（iptables 所在的机器）；另一条路是通过 FORWARD 链进入其他的机器，出口要经过 POSTROUTING 链并进行 SNAT 操作，对数据包的源 IP 进行转换。

LOCAL 表示安装 iptables 防火墙的主机。进入 LOCAL 只能通过 INPUT 链，从 LOCAL 出去只能通过 OUTPUT 链，穿越防火墙只能通过 FORWARD 链。

从 iptables 的流程可以看出：INPUT、OUTPUT 和 FORWARD 三个链是不能重入的，如图 8-7 所示。

可能有人问一个数据包从 INPUT 进，再从 OUTPUT 出不行吗？这时进入数据包的目的地址是 LOCAL，出去数据包的源地址是 LOCAL，已经不是同一个数据包了，而转发数据包的源地址和目的地址不变，所以说 filter 的三个链是不能重入的。

8.4　iptables 中的规则

在内核看来，规则就是决定如何处理一个数据包的语句。如果一个数据包符合所有的条件，就运行 target 或 jump 指令。语法格式如下：

```
iptables [-t table] command [match] [target/jump]
```

参数说明如下。

table：指定表名。一般不用指定表，默认是 filter 表。

match：指定包的源 IP 地址、网络接口卡、端口号、协议类型等。

target/jump：当数据包符合匹配备件时要执行的操作，如 ACCEPT 表示接受，DROP 表示丢弃，jump 表示跳至表内的其他链。

8.4.1　数据包的匹配方式和限制

关于匹配有两种方式：隐含匹配和显式匹配。隐含匹配和显式匹配的区别是：隐含匹配是自动装载的，或者说是默认的；显式匹配是手动装载的，要求具体指明。

（1）显式匹配：用 -m 装载，如使用状态匹配，即 -m state。

（2）隐含匹配：用 -m limit。

例如：

-m limit ! --limit 5/s 表示数量不小于每秒 5 个包时就会被匹配。

-m limit --limit 5/s --limit-burst 9 表示小于每秒 5 个，最多缓存 9 个。

这种情况好比门口的保安人员，当有人要进入时需要通行证。每秒发 5 个，如果没有人来，保安手里的通行证就要积压，但最多不能超过 9 个。

当符合条件的数据包的数量不超过规定时可以通过。控制在一段时间内的匹配数据包的数量，能够减少 SYN Flood 攻击。对于要求控制流量的服务可以限制连接数量。

数据包在匹配时既可以基于源 IP 地址、源端口、目的 IP 地址、目的端口，也可以基于数据包所有者的 ID，所有者数据包的 ID 可以是用户 ID 或组 ID 或进程 ID 或会话 ID 等。只能用在 OUTPUT 链中，INPUT 接收的是目的端数据包，而只有发送端才有这些 ID 信息。注意有些包没有所有者，如 icmp responses。

8.4.2　非正常包的匹配

这个匹配没有任何参数，也不需要装载。但不能匹配所有不正常的包。

如匹配则执行 -j 后的操作，如 ACCEPT 或 DROP。例如：

```
iptables -A INPUT -p tcp ! --syn -m state --state NEW -j DROP
```

在 INPUT 链中添加一条规则，对于 TCP 的 NEW 状态包，其 SYN 非 1 时丢掉。

其中，--syn 是 iptables 的参数，而不是 --tcp-flags 中的列表。

也可以跳到自定义链上，自定义链要用 -N 命令。定义后再把它作为跳转的目标。例如，建一个新链 allowed：

```
iptables -N allowed
iptables -A INPUT -p tcp -j allowed
iptables -A allowed -p tcp ! --syn -m state --state NEW -j DROP
```

```
iptables -A allowed -p tcp -j ACCEPT
iptables -A allowed -j RETURN
```

RETURN 使包返回上一层，顺序是：子链→父链→默认的策略。若数据包在子链中遇到了 RETURN，则返回父链的下一条规则，继续进行条件的比较；若是在父链中遇到了 RETURN，就进入默认策略操作。

8.4.3　常用命令

常用命令包括显示规则链、清空指定链、删除指定链中的规则、设置默认策略、在链中添加规则等。

1. 启动 iptables

先确认 iptables 是否已安装，使用命令：

```
[root@Localhost iptables]# rpm -q iptables
```

可以用 ntsysv 程序设置开机是否启动，或用命令：

```
service iptables start    # 用 iptables -L 命令后，内存有记录时才显示 ok
```

停止 iptables：

```
service iptables stop
```

2. 列出规则链

```
iptables -L INPUT
iptables -L OUTPUT
iptables -L FORWARD
iptables -L
```

最后一句是列出 filter 表中所有的链，而前面几句是列出 filter 中指定的链。

3. 刷新规则

```
iptables -F INPUT
iptables -F
iptables -F -t nat
```

其中，-F 是 flash，表示刷新，即清空指定的链。没有指定表时，默认为 filter 表。

4. 删除指定链中的规则

```
iptables -L
iptables -D INPUT 1                # 删除第一条
iptables -L
```

其中，-D 是 delete，表示删除。

5. 设置链的默认策略

```
iptables -P INPUT DROP
iptables -P OUTPUT DROP
iptables -P FORWARD ACCEPT
iptables -t nat -P PREROUTING ACCEPT
iptables -t nat -P POSTROUTING ACCEPT
```

其中，-P 是 policy，表示策略。

6. 新链的创建与删除

```
iptables -N netkiller
iptables -X netkiller
```

7. 禁止别人 ping 本机

```
iptables -A INPUT -p icmp -j DROP
iptables -A INPUT -s 192.168.1.0/24 -p icmp -j DROP
iptables -A INPUT -s 192.168.2.1 -p icmp -j DROP
iptables -A INPUT -p icmp --icmp-type echo-request -j DROP
iptables -A INPUT -p icmp --icmp-type ! echo-request -j ACCEPT
```

第一句是将所有源主机发来的 icmp 请求丢弃。
第二句指定源主机是一个网络。
第三句指定源主机是一台主机。
第四句是拒绝 echo 的请求包，接受其他包。
第五句是接受非 echo 的请求包，丢弃其他包。

8. 禁止某机访问本机

```
iptables -A INPUT -s 192.168.1.222 -j DROP
iptables -A INPUT -s 192.168.1.222 -p tcp --dport 80 -j DROP
iptables -A INPUT -p tcp -i eth0 -s any/0 --dport 80 -j ACCEPT
```

第一句是将来自 192.168.1.222 的数据包丢弃。
第二句是将来自 192.168.1.222 且目的端口是 80 的数据包丢弃。
第三句是接受来自任意主机进入 eth0 接口且端口为 80 的 tcp 数据包。

9. 阻止坏的 tcp 数据包

```
iptables -A INPUT -p tcp --tcp-flags SYN, ACK SYN, ACK -m state --state
NEW -j REJECT --reject-with tcp-reset
```

flags 状态表空格前是要进行测试的状态，空格后是置位的状态，这个例子空格前后是对称的，即测试 SYN 和 ACK，当二者都为 1 时（SYN、ACK 同时置 1 时是坏包）拒绝，返回 reset 信息。

```
iptables -A INPUT -p tcp ! --syn -m state --state NEW -j DROP
```

一个 SYN 不等于 1 的 NEW 状态包是坏包，将其丢掉。

10. 允许 Telnet 服务

```
iptables -A INPUT -p tcp --dport telnet -j ACCEPT
iptables -A OUTPUT -p tcp --sport 23 -j ACCEPT
```

第一句是接受进入 INPUT 链且目的端口为 23 的 TCP 数据包。
第二句是允许源端口为 23 的 TCP 数据包从 OUTPUT 链输出。

11. 禁止 QQ 聊天

这种转发设置适合在局域网出口有防火墙（中转）的，不适合家庭上网的个人机。

```
iptables -A FORWARD -p tcp -d tcpconn.tencent.com -j DROP\
iptables -A FORWARD -i eth0 -p udp --dport 8000 -j DROP
```

第一句是禁止转发去往 tcpconn.tencent.com 的 TCP 数据包。
第二句是禁止转发从 eth0 端口进入且目的端口为 8000 的 UDP 数据包。

12. 禁止 443 端口

```
iptables -A INPUT -p tcp --dport https -m state --state NEW -j REJECT
```

8.5　防火墙举例

8.5.1　测试 iptables 防火墙的 filter 表中链的工作情况

在 Linux 服务器中加入两块网卡，分别为 eth0 和 eth1，可以启动 iptables，如图 8-8 所示。

1. 默认测试

设置防火墙主机网卡的 IP 地址：

```
eth0ip=192.168.1.2/24
eth1ip=192.168.2.2/24
```

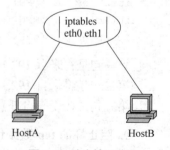

图 8-8　防火墙示意图

设置计算机 IP 地址和网关：

```
HostAip=192.168.1.1/24          # 网关为 192.168.1.2
HostBip=192.168.2.1/24          # 网关为 192.168.2.2
```

启动 iptables，不做任何设置，默认是全部接受，即 ACCEPT。
从 HostA ping HostB 不通，即

```
[root@HostA root]# ping 192.168.2.1  # HostB, 不通
```

设置转发有效：

```
[root@fw root]#echo 1 > /proc/sys/net/ipv4/ip_forward
```

再 ping：

```
[root@HostA root]# ping 192.168.2.1  #  HostB，通
```

可见当 ip_forward 文件中的内容为 1 时，表示启动转发，相当于路由器的

```
ip routing    # 打开了路由转发
```

2. 防火墙控制测试

做这样一个实验：在防火墙中设置 INPUT 和 OUTPUT 链默认接受，FORWARD 默认拒绝，看 HostA 和 HostB 是否能通。

```
iptables -P INPUT ACCEPT
iptables -P OUTPUT ACCEPT
iptables -P FORWARD DROP
[root@HostA root]# ping 192.168.2.1  #  HostB，不通
```

因为转发被关闭。

```
[root@HostA root]# ping 192.168.2.2  #  eth1，通
[root@HostA root]# ping 192.168.1.2  #  eth0，通
```

从 HostA 到防火墙通，因为 INPUT 和 OUTPUT 链都是允许的，同理从 HostB 到防火墙也通。

```
[root@ fw root]# ping 192.168.1.1  #  HostA，通
[root@ fw root]# ping 192.168.2.1  #  HostB，通
```

从防火墙 fw 到 HostA 或 HostB 通，因为 OUTPUT 和 INPUT 链都是允许的。

把防火墙 eth0 的输入或输出关闭，HostA 就不能 ping 通了，因为 ping 命令发送请求包后是要接收回应包的，所以只有双向允许才可以通。下面命令是防火墙禁止 eth0 的输入和输出。

```
iptables -A INPUT -p icmp -i eth0 -j DROP
iptables -A OUTPUT -p icmp -o eth0 -j DROP
[root@HostA root]# ping 192.168.1.2  #  eth0，不通
```

3. 转发测试

在防火墙中设置 INPUT 和 OUTPUT 链默认拒绝，FORWARD 默认接受，看 HostA 与 HostB 通否。

```
iptables -P INPUT DROP
iptables -P OUTPUT DROP
iptables -P FORWARD ACCEPT
[root@HostA root]# ping 192.168.2.1  #  HostB，通
```

这说明穿越防火墙的数据包（从 HostA 到 HostB）不会进入 INPUT 和 OUTPUT 链。

```
[root@HostA root]# ping 192.168.2.2  #  eth1，不通
[root@HostA root]# ping 192.168.1.2  #  eth0，不通
```

从 HostA 到防火墙不通，因为 INPUT 链是拒绝的，同理从 HostB 到防火墙也不会通。

```
[root@fw root]# ping 192.168.1.1  #  HostA，不通
[root@fw root]# ping 192.168.2.1  #  HostB，不通
```

从防火墙 fw 到 HostA 或 HostB 不通，因为 OUTPUT 链是拒绝的。

打开防火墙 eth0 的输入和输出，向 HostA 就能 ping 通了。

```
iptables -A INPUT -P icmp -i eth0 -j ACCEPT
iptables -A OUTPUT -P icmp -o eth0 -j ACCEPT
[root@HostA root]# ping 192.168.1.2  #  eth0，通
```

8.5.2　防火墙例题分析

防火墙实例如图 8-9 所示。

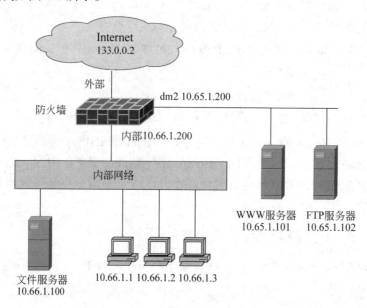

图 8-9　防火墙实例

设置转发有效：

```
echo 1 > /proc/sys/net/ipv4/ip_forward
```

定义网卡位置变量：

```
outside="eth0"
```

```
inside="eht1"
dmz="eth2"
```

定义 IP 地址变量：

```
ip_pool="133.1.0.1-133.1.0.14"
wwwip="133.1.0.1"
ftpip="133.1.0.2"
```

设置网卡的 IP 地址：

```
ifconfig eth0 133.0.0.1 broadcast 133.0.0.3 netmask 255.255.255.252 up
ifconfig eth1 10.66.1.200 broadcast 10.66.255.255 netmask 255.255.0.0 up
ifconfig eth2 10.65.1.200 broadcast 10.65.255.255 netmask 255.255.0.0 up
route add default gw 133.0.0.2 netmask 0.0.0.0 metric 1
```

清空指定的链：

```
iptables -F INPUT
iptables -F FORWARD
iptables -F OUTPUT
```

设置防火墙默认方式：

```
iptables -P INPUT ACCEPT
iptables -P FORWARD DROP
iptables -P OUTPUT ACCEPT
```

数据包进入 dmz 时，将公网 IP 地址（WWW IP）转换成私有 IP 地址（10.65.1.101）：

```
iptables -t nat -A PREROUTING -i outside -d wwwlip -j DNAT --to
10.65.1.101
    iptables -t nat -A PREROUTING -i outside -d ftpip -j DNAT --to
10.65.1.102
```

数据包从 dmz 出去时，将源地址改为对外的公网 IP 地址（WWW IP、FTP IP）：

```
iptables -t nat -A POSTROUTING -o outside -s 10.65.1.101 -j SNAT --to
wwwip
    iptables -t nat -A POSTROUTING -o outside -s 10.65.1.102 -j SNAT --to
ftpip
```

出去的数据包从地址池中取公网 IP 地址：

```
iptables -t nat -A POSTROUTING -o outside -j SNAT --to ip_pool
```

内部计算机访问 dmz 中的服务器时，将源地址改为 dmz 接口的地址：

```
iptables -t nat -A POSTROUTING -s 10.66.0.0/16 -d 10.65.0.0/16 -o dmz -j
SNAT --to 10.65.1.200
```

内部计算机访问服务器时，相当于在访问 10.65.1.200 接口，实际上并不需要，启动路由功能就可以实现转发，这里只是说明一下语法结构。

从 dmz 区域的计算机访问外网和内网时，允许转发：

```
iptables -A FORWARD -i dmz -o outside -j ACCEPT
iptables -A FORWARD -i dmz -o inside -j ACCEPT
```

从外网访问 dmz 区域的 WWW 服务器和 FTP 服务器时，允许转发：

```
iptables -A FORWARD -p tcp -i outside -o dmz -d wwwlip --dport 80 -j ACCEPT
iptables -A FORWARD -p tcp -i outside -o dmz -d ftpip --dport 21 -j ACCEPT
iptables -A FORWARD -p tcp -i outside -o dmz -d ftpip --dport 20 -j ACCEPT
```

内部主机访问外部或 dmz 时，要经过 FORWARD，所以要有下面一句：

```
iptables -A FORWARD -i inside -j ACCEPT
```

由于 INPUT 是开放的，如果不加以控制，有可能被攻击，在连接外网的入口 eth0 处施以以下策略：

```
iptables -A INPUT -p tcp --tcp-flags SYN, ACK SYN, ACK -m state --state
NEW -j REJECT --reject-with tcp-reset
```

flag 后是用空格分开的两个状态表，前边是可以测试的状态，后边是要求测试为 1 的状态。此句是用复位操作拒绝 SYN、ACK 同时是 1 的 NEW 状态包。

丢弃 SYN 不是 1 的 NEW 状态包：

```
iptables -A INPUT -p tcp ! --syn -m state --state NEW -j DROP
```

建立两个新链，新建的链可以添加规则，这种自定义的链要应用于规定的链中，即在规定的 INPUT 或 OUTPUT 链中引用，写在 -j 参数之后：

```
iptables -N SYNFLOOD
iptables -N ICMP_PACKETS
```

允许每秒接收一次 echo-request 请求包：

```
iptables -A ICMP_PACKETS -p icmp --icmp-type 8 -m limit --limit 1/s -j
ACCEPT
```

icmp 类型 8 表示 echo 请求包，类型 11 表示返回的 time out 超时包。

允许接收带有超时标志的返回包：

```
iptables -A ICMP_PACKETS -p icmp --icmp-type 11 -j ACCEPT
```

拒绝其他 icmp 数据包：

```
iptables -A ICMP_PACKETS -p icmp -j DROP
```

限制每秒 5 个请求连接包，最多缓存 10 个请求连接包：

```
iptables -A SYNFLOOD -p tcp --syn -m limit --limit 5/s --limit-burst 10
-j ACCEPT
```

好比门卫发通行证，每秒发 5 个，如果没人来，门卫手里最多可以有 10 个通行证。在 SYNFLOOD 链中，拒绝其他数据包：

```
iptables -A SYNFLOOD -j DROP
```

在 INPUT 链中，新包要经过 SYNFLOOD 链的过滤：

```
iptables -A INPUT -p tcp -m state --state NEW -j SYNFLOOD
```

在 INPUT 链中，允许从非外网口上接收的 icmp 数据包使用 ICMP_PACKETS 规则：

```
iptables -A INPUT -p icmp -i ! $outside -j ICMP_PACKETS
```

本 章 小 结

本章主要介绍了 iptables 防火墙的特点与应用，它是 ipchains 的改进版，可以基于状态过滤，链的策略变为不可重入，提高了效率。

本章讲述了防火墙的任务、TCP 的连接与状态、iptables 中的表和链、iptables 中的规则等内容。

为了说明问题，以当前流行的防火墙为例，给出了 inside、outside、dmz 的概念和一些典型的例句。

习 题

一、简答题

1. 简述 TCP 的三次握手过程。

2. TCP 有哪些连接状态？

3. iptables 中有哪些表？各有什么链？

4. 什么是规则？

5. 什么是防火墙中的 dmz？

6. 什么是 SNAT？什么是 DNAT？

二、操作题

1. 禁止其他机器 ping 到本机，但本机可以向外 ping 通。

2. 禁止访问本机的 WWW 服务。

参 考 文 献

[1] 鸟哥. 鸟哥的 Linux 私房菜·基础学习篇 [M]. 北京：人民邮电出版社，2018.

[2] 张昊，等. Linux Shell 编程从入门到精通 [M]. 北京：人民邮电出版社，2015.

[3] 王柏生. 深度探索 Linux 系统虚拟化原理与实现 [M]. 北京：机械工业出版社，2023.

[4] 高俊峰. 高性能 Linux 服务器运维实战：Shell 编程、监控告警、性能优化与实战案例 [M]. 北京：机械工业出版社，2020.

附录 A　iptables 参考手册

1. iptables 命令

iptables 命令如附表 A-1 所示。

附表 A-1　iptables 命令

命令	举例	解释
-A，--append	iptables -A INPUT -i eth0 -s 133.0.0.1 -j DROP	在指定的链中添加规则
-L，--list	iptables -L INPUT	显示所选链的所有规则。如果没有指定链，则显示指定表中的所有链
-D，--delete	iptables -D INPUT 1	从指定的链中删除规则。最后是规则号，可用 iptables -L 查看
-R，--replace	iptables -R INPUT 1 -s 192.168.0.1 -j DROP	替换指定链中的规则
-I，--insert	iptables -I INPUT 1 --dport 80 -j ACCEPT	向指定链的特定行插入规则
-F，--flush	iptables -F INPUT	清空指定链中的规则。若未指定链，则清空默认表中所有链的规则
-Z，--zero	iptables -Z INPUT	将指定链的所有计数器归零（若未指定链，则认为是所有链）
-N，--new-chain	iptables -N abc	建立一个新链
-X，--delete-chain	iptables -X abc	删除用户定义链。无参数时，删除所有非内建的链
-P，--policy	iptables -P INPUT DROP	为链设置默认的 DROP 和 ACCEPT，这个 target 称作策略。不符合规则的包都被强制使用这个策略
-E，--rename-chain	iptables -E aaa bbb	对自定义的链进行重命名，原来的名字在前，新名字在后

2. iptables 选项

iptables 选项如附表 A-2 所示。

附表 A-2　iptables 选项

选项	举例	解释
-v，--verbose --list --append --insert --delete --replace	iptables -L -v	输出更详细的信息
-x，--exact（精度）--list		输出中的计数器显示准确的数值，而不用 KB、MB、GB 等估值
-n，--numeric（数值）--list	iptables -L -n	使输出中的 IP 地址和端口以数值的形式显示，而不是默认的名字

选　　项	举　　例	解　　释
--line--list	iptables -L -line	--line 表示显示规则号
--modprobe		探测并装载要使用的模块

3. iptables 匹配

iptables 匹配如附表 A-3 所示。

附表 A-3　iptables 匹配

匹　　配	举　　例	解　　释
-p -protocol	iptables-A INPUT-p tcp	匹配指定的协议。指定协议的形式有以下几种。 （1）名称不区分大小写，但必须是在 /etc/protocols 中定义的。 （2）协议号，如 icmp 是 1，tcp 是 6，udp 是 17。 （3）默认值是 0，只匹配 TCP、UDP、ICMP。 （4）协议列表，以英文逗号为分隔符，如 udp、tcp。 （5）"!" 表示 "非"，如 "--p！tcp" 表示非 TCP
-s, --src, --source	iptables -A INPUT-s 192.168.1.1	以 IP 源地址匹配包： （1）单个地址：192.168.1.1。 （2）网络地址：192.168.0.0/24，默认值是所有地址
-d, --dst, --destination	iptables -A INPUT -d 192.168.1.1	以 IP 目的地址匹配包。地址的形式和 -s 相同
-i, --in-interface	iptables -A INPUT -i eth0	（1）指定接口名称，如 eth0、ppp0 等。 （2）通配符是 "+"，如 "eth+" 表示所有 ethernet 接口
-o, --out-interface	iptables -A FORWARD -o eth0	匹配从这个端口出去的转发包
-f, --fragment	iptables -A INPUT-f	匹配被分片的不包含源或目的地址的包，即分包的第二片及以后的部分

4. TCP 匹配

TCP 匹配如附表 A-4 所示。

附表 A-4　TCP 匹配

匹　　配	举　　例	解　　释
--sport，--source-port	iptables -A INPUT -p tcp --sport 22	（1）不指定端口，默认是所有端口。 （2）使用服务名或端口号，名字是在 /etc/services 中定义的。 （3）可以使用连续的端口，如 "--sport 22:80" 表示从 22 到 80 的所有端口。 （4）省略第一个端口号，默认是 0，如 "--sport :80" 表示从 0 到 80 的所有端口。 （5）省略第二个端口号，默认是 65535，如 "--sport 77:" 表示从 77 到 65535 的所有端口。 （6）"!" 表示 "非"，如 "--sport！22" 表示除了 22 号外的所有端口

匹　　配	举　　例	解　　释
--dport，--destination-port	iptables -A INPUT -p tcp --dport 22	基于 TCP 包的目的端口来匹配包，端口的指定形式和 --sport 相同
--tcp-flags		有两个参数表，表内用逗号分隔，表间用空格分开。第一个表指定要检查的标记，第二个表提供被设置的条件。 识别标记：SYN、ACK、FIN、RST、URG、PSH、ALL 或 NONE。 （1）iptables -p tcp --tcp-flags SYN,FIN,ACK SYN 其中 "SYN,FIN,ACK" 是测试范围，表示匹配 SYN 为 1，而 FIN 和 ACK 标记为 0 的包。 （2）iptables -p tcp --tcp-flags ! SYN,FIN,ACK SYN 取反操作：表示匹配 SYN 标记是 0，而 FIN 和 ACK 标记被置 1 的包。 （3）--tcp-flags ALL NONE 匹配所有标记都未被置 1 的包
--syn	iptables -p tcp --syn	匹配 SYN 标记被置位，而其他标记没有被置位的包

5. UDP 匹配

UDP 匹配如附表 A-5 所示。

附表 A-5　UDP 匹配

匹　　配	举　　例	解　　释
--sport，--source-port	iptables -A INPUT -p udp --sport 53	匹配 udp 类型且源端口是 53 的数据包
--dport，--destination-port	iptables -A INPUT -p udp --dport 53	匹配 udp 类型且目的端口是 53 的数据包

6. ICMP 匹配

ICMP 匹配如附表 A-6 所示。

附表 A-6　ICMP 匹配

匹配	举　　例	解　　释
--icmp-type	iptables -A INPUT -p icmp --icmp-type 8	根据 ICMP 类型匹配包类型，可以使用十进制数值或相应的名字，名字可以用 iptables --protocol icmp --help 查看，--icmp-type ! 8 表示匹配除类型 8 之外的所有 ICMP 包

7. Limit 匹配

Limit 匹配如附表 A-7 所示。

附表 A-7　Limit 匹配

匹配	举　　例	解　　释
--limit	iptables -A INPUT -m limit --limit 3/minute	限制每分钟 3 次，时间还可以是 /second、/hour 或 /day

续表

匹配	举 例	解 释
--limit-burst	iptables -A INPUT -m limit --limit-burst 5	定义的是匹配的峰值，--limit-burst 的值要比 --limit 大

8. MAC 匹配

MAC 匹配如附表 A-8 所示。

附表 A-8　MAC 匹配

匹配	举 例	解 释
--mac-sourec	iptables -A INPUT -m mac --mac-source 00:00:00:00:00:01	基于 MAC 源地址匹配包，地址格式只能是 ××:××:××:××:××:×× 用于以太口的 PREROUTING、FORWARD 和 INPUT 链中

9. Multiport 匹配

Multiport 匹配如附表 A-9 所示。

附表 A-9　Multiport 匹配

匹配	举 例	解 释
--source-port	iptables -A INPUT -p tcp -m multiport --sport 22,53,80,110	源端口多端口匹配，最多指定 15 个端口，以逗号分隔，没有空格
--dport	iptables -A INPUT -p tcp -m multiport --dport 22,53,80,110	目的端口多端口匹配，使用方法和源端口多端口匹配相同
--port	iptables -A INPUT -p tcp -m multiport --port 22，53，80，110	匹配源和目的端口是同一个端口的包，如端口 80 到端口 80 的包

10. Owner 匹配

Owner 匹配如附表 A-10 所示。

附表 A-10　Owner 匹配

匹配	举 例	解 释
--uid-owner	iptables -A OUTPUT -m owner --uid-owner 500	按包的用户 ID（UID）匹配外出的包。例如，阻止除 root 外的用户向防火墙外建立新连接，或阻止除用户 http 外的任何人使用 HTTP 端口发送数据
--gid-owner	iptables -A OUTPUT -m owner --gid-owner 0	按包的用户 ID（UID）匹配外出的包。例如，只让属于 network 组的用户连接 Internet，或只允许 http 组的成员从 HTTP 端口发送数据
--pid-owner	iptables -A OUTPUT -m owner --pid-owner 78	按包的进程 ID（GID）匹配外出的包。例如，只允许 PID 为 94 的进程，可以先用 ps 得到 PID，再添加相应的规则

匹配	举例	解释
--sid-owner	iptables -A OUTPUT -m owner --sid-owner 100	按包的会话 ID（SID）匹配外出的包。一个进程以及它的子进程或多个线程都有同一个 SID。所有 HTTPD 进程的 SID 和它的父进程一样

11. State 匹配

State 匹配如附表 A-11 所示。

附表 A-11　State 匹配

匹配	举例	解释
--state	iptables -A INPUT -m state --state RELATED, ESTABLISHED	指定要匹配包的状态，有四种状态，即 NEW、ESTABLISHED、INVALID 和 RELATED。 NEW：表示包将要或已经开始建立一个新的连接。 ESTABLISHED：表示包是有效的，建立了连接。 INVALID：表示没有建立连接，数据或包头有问题。 RELATED：表示在一个已建立的连接上建立新的连接

12. TOS 匹配

TOS 匹配如附表 A-12 所示。

附表 A-12　TOS 匹配

匹配	举例	解释
--tos	iptables -A INPUT -p tcp -m tos --tos 0x16	根据 TOS 字段匹配包。参数是十六进制数或十进制数或相应的名字，用 iptables -m tos -h 能查到。参数说明如下。 Minimize-Cost 2(0x02)：最低费用。 Maximize-Reliability 4 (0x04)：最高可靠性，如 BOOTP 和 TFTP。 Maximize-Throughput 8(0x08)：最大吞吐量路径，如 FTP-data。 Minimize-Delay 16(0x10)：最小延时路径，如 telnet、SSH

13. TTL 匹配

TTL 匹配如附表 A-13 所示。

附表 A-13　TTL 匹配

匹配	举例	解释
--ttl	iptables -A OUTPUT -m ttl --ttl 60	根据 TTL 的值来匹配包，参数是十进制数

14. SNAT 选项

SNAT 选项如附表 A-14 所示。

附表 A-14　SNAT 选项

匹配	举　例	解　释
--to	iptables -t nat -A POSTROUTING -p tcp -o eth0 -j SNAT --to 133.0.0.1-133.0.0.14:1024-3200	替换源地址，有以下几种方式。 （1）单独的地址。 （2）一段连续的地址，用 "-" 字符分隔。 （3）可指定源端口范围，如 1024-3200

15. DNAT 选项

DNAT 选项如附表 A-15 所示。

附表 A-15　DNAT 选项

匹配	举　例	解　释
--to-destination	iptables -t nat -A PREROUTING -p tcp -d 2.2.2.2 -dport 80 -j DNAT --to-destination 192.168.1.1	替换目的地址。把发往 2.2.2.2 包的目的地址替换为 192.168.1.1。 方法同 SNAT

16. LOG 选项

LOG 选项如附表 A-16 所示。

附表 A-16　LOG 选项

选项	举　例	解　释
--log-level	iptables -A FORWARD -p tcp -j LOG --log-level debug	告诉 iptables 和 syslog 使用哪个记录等级。记录等级的详细信息可以查看文件 syslog.conf，一般有以下几种：debug、info、notice、warning、warn、error、crit、alert、emerg。 在文件 syslog.conf 里设置 kern.=info /var/log/iptables
--log-prefix	iptables -A INPUT -p tcp -j LOG --log-prefix "INPUT packets"	记录信息之前加上前缀。为便于分析，前缀最多有 29 个英文字符
--log-tcp-sequence	iptables -A INPUT -p tcp -j LOG --log-tcp-sequence	把包的 TCP 序列号和其他日志信息一起记录下来
--log-tcp-options	iptables -A FORWARD -p tcp -j LOG --log-tcp-options	记录 TCP 包头中的字段大小不变的选项，这对排错是有价值的
--log-ip-options	iptables -A FORWARD -p tcp -j LOG --log-ip-options	记录 IP 包头中的字段大小不变的选项。这对一些除错是很有价值的，还可以用来跟踪特定地址的包

17. MARK 选项

MARK 选项如附表 A-17 所示。

附表 A-17　MARK 选项

选项	举　例	解　释
--set-mark	iptables -t mangle -A PREROUTING -p tcp --dport 22 -j MARK --set-mark 2	mangle 表使用 mark 值（无符号整数）。设置了某机发出包的 mark 值，可用路由功能对流量进行控制

18. MASQUERADE 选项

MASQUERADE 选项如附表 A-18 所示。

附表 A-18   MASQUERADE 选项

选项	举例	解释
--to-ports	iptables -t nat -A POSTROUTING -p TCP -j MASQUERADE --to-ports 1024-31000	设置外出包使用的端口，--to-ports 1025 或 --to- ports 1024-3000。MASQUERADE 被专门用于动态获取 IP 地址的连接

19. REDIRECT 选项

REDIRECT 选项如附表 A-19 所示。

附表 A-19   REDIRECT 选项

选项	举例	解释
--to-ports	iptables -t nat -A PREROUTING -p tcp --dport 80 -j REDIRECT --to-ports 8080	指定 TCP 或 UDP 使用的端口，将目标端口 80 重定向到 8080 端口

20. REJECT 选项

REJECT 选项如附表 A-20 所示。

附表 A-20   REJECT 选项

选项	举例	解释
--reject-with	iptables -A FORWARD -p TCP --dport 22 -j REJECT --reject-with tcp-reset	和 DROP 不同的是，REJECT 要返回信息。说明数据包满足条件时返回包的类型，然后丢掉数据包。类型有 icmp-net-unreachable、icmp-host-unreachable、icmp-port-unreachable、icmp-proto-unreachable、icmp-net-prohibited、icmp-host-prohibited。默认值是 port-unreachable

21. TOS 选项

TOS 选项如附表 A-21 所示。

附表 A-21   TOS 选项

选项	举例	解释
--set-tos	iptables -t mangle -A PREROUTING -p TCP --dport 22 -j TOS --set-tos 0x10	设置 TOS 的 8 位二进制值，TOS 字段如下。Minimize-Cost 2 (0x02)：最低费用。Maximize-Reliability 4 (0x04)：最高可靠性。Maximize-Throughput 8 (0x08)：最大吞吐量路径。Minimize-Delay 16 (0x10)：最小延时路径

22. TTL 选项

TTL 选项如附表 A-22 所示。

附表 A-22　TTL 选项

选项	举　　例	解　　释
--ttl-set	iptables -t mangle -A PREROUTING -i eth0 -j TTL --ttl-set 64	设置 TTL 的值。值越大，占用的带宽越多。这个值可以限制包能走多远，一个比较恰当的距离是刚好能到达 DNS 服务器
--ttl-dec	iptables -t mangle -A PREROUTING -i eth0 -j TTL --ttl-dec 1	设定 TTL 要被减掉的值，设 --ttl-dec 2，若进来时 TTL 值是 50，则离开时 TTL 值为 50–2–1=47
--ttl-inc	iptables -t mangle -A PREROUTING -i eth0 -j TTL --ttl-inc 1	设定 TTL 要被加上的值，设 --ttl-inc 1，若进来时 TTL 值是 50，则离开时 TTL 值为 50–1+1=50，可以伪装成没有经过防火墙

23. ULOG 选项

ULOG 选项如附表 A-23 所示。

附表 A-23　ULOG 选项

选项	举　　例	解　　释
--ulog-nlgroup	iptables -A INPUT -p TCP --dport 22 -j ULOG –ulog-nlgroup 2	指定向哪个 netlink 组发送包。netlink 组被简单地编号为 1~32。默认值是 1
--ulog-prefix	iptables -A INPUT -p TCP --dport 22 -j ULOG --ulog-prefix "SSH connection attempt: "	指定记录信息的前缀，以便于区分不同的信息。使用方法和 LOG 的 prefix 一样，只是长度可以达到 32 个字符
--ulog-cprange	iptables -A INPUT -p TCP --dport 22 -j ULOG --ulog-cprange 100	指定每个包要向"ULOG 在用户空间的代理"发送的字节数，把包的前 100 个字节复制到用户空间以记录下来，默认值是 0，表示复制整个包
--ulog-qthreshold	iptables -A INPUT -p TCP --dport 22 -j ULOG --ulog-qthreshold 10	当在内核里收集 10 个包时，向 22 号端口发送数据

附录 B　常见 TCP 端口列表

常见 TCP 端口列表如附表 B-1 所示。

附表 B-1　常见 TCP 端口列表

端　口　号	服　　务	描　　述
1/TCP	tcpmux	TCP Port Service Multiplexer
2/TCP	compressnet	Management Utility
3/TCP	compressnet	Compression Process
5/TCP	rje	Remote Job Entry
7/TCP	echo	Echo
9/TCP	discard	Discard
11/TCP	systat	Active Users
13/TCP	daytime	Daytime（RFC 867）
17/TCP	qotd	Quote of the Day
18/TCP	msp	Message Send Protocol
19/TCP	chargen	Character Generator
20/TCP	ftp-data	File Transfer [Default Data]
21/TCP	ftp	File Transfer [Control]
22/TCP	ssh	SSH Remote Login Protocol
23/TCP	telnet	Telnet
24/TCP	any	Private Mail System Any Private Mail System
25/TCP	smtp	Simple Mail Transfer
27/TCP	nsw-fe	NSW User System FE
29/TCP	msg-icp	MSG ICP
31/TCP	msg-auth	MSG Authentication
33/TCP	dsp	Display Support Protocol
35/TCP	any	Any Private Printer Server
37/TCP	time	Time
38/TCP	rap	Route Access Protocol
39/TCP	rlp	Resource Location Protocol
41/TCP	graphics	Graphics
42/TCP	nameserver	Host Name Server
43/TCP	nicname	Who Is
44/TCP	mpm-flags	MPM FLAGS Protocol
45/TCP	mpm	Message Processing Module [recv]

端 口 号	服 务	描 述
46/TCP	mpm-snd	MPM [Default Send]
47/TCP	ni-ftp	NI FTP
48/TCP	auditd	Digital Audit Daemon
49/TCP	tacacs	Login Host Protocol（TACACS）
50/TCP	re-mail-ck	Remote Mail Checking Protocol
51/TCP	la-maint	IMP Logical Address Maintenance
52/TCP	xns-time	XNS Time Protocol
53/TCP	domain	Domain Name Server
54/TCP	xns-ch	XNS Clearinghouse
55/TCP	isi-gl	ISI Graphics Language
56/TCP	xns-auth	XNS Authentication
57/TCP	any	Any Private Terminal Access
58/TCP	xns-mail	XNS Mail
59/TCP	any	Any Private File Service
60/TCP	Unassigned	Unassigned
61/TCP	ni-mail	NI MAIL
62/TCP	acas	ACA Services
63/TCP	whois++	Whois++
64/TCP	covia	Communications Integrator（CI）
65/TCP	tacacs-ds	TACACS-Database Service
66/TCP	sql*net	Oracle SQL*NET
67/TCP	bootps	Bootstrap Protocol Server
68/TCP	bootpc	Bootstrap Protocol Client
69/TCP	tftp	Trivial File Transfer
70/TCP	gopher	Gopher
71/TCP	netrjs-1	Remote Job Service
72/TCP	netrjs-2	Remote Job Service
73/TCP	netrjs-3	Remote Job Service
74/TCP	netrjs-4	Remote Job Service
75/TCP	any	Any Private Dial Out Service
76/TCP	deos	Distributed External Object Store
77/TCP	any	Private RJE Service Any Private RJE Service
78/TCP	vettcp	Vettcp
79/TCP	finger	Finger
80/TCP	http-www	World Wide Web HTTP
81/TCP	hosts2-ns	HOSTS2 Name Server
82/TCP	xfer	XFER Utility
83/TCP	mit-ml-dev	MIT ML Device

端　口　号	服　　务	描　　述
84/TCP	ctf	Common Trace Facility
85/TCP	mit-ml-dev	MIT ML Device
86/TCP	mfcobol	Micro Focus Cobol
87/TCP	any	Any Private Terminal Link
88/TCP	kerberos	Kerberos
89/TCP	su-mit-tg	SU/MIT Telnet Gateway
90/TCP	dnsix	DNSIX Securit Attribute Token Map
91/TCP	mit-dov	MIT Dover Spooler
92/TCP	npp	Network Printing Protocol
93/TCP	dcp	Device Control Protocol
94/TCP	objcall	Tivoli Object Dispatcher
95/TCP	supdup	SUPDUP
96/TCP	dixie	DIXIE Protocol Specification
97/TCP	swift-rvf	Swift Remote Virtural File Protocol
98/TCP	tacnews	TAC News
99/TCP	metagram	Metagram Relay
101/TCP	hostname	NIC Host Name Server
102/TCP	iso-tsap	ISO-TSAP Class 0
103/TCP	gppitnp	Genesis Point-to-Point Trans Net
104/TCP	acr-nema	ACR-NEMA Digital Imag. & Comm. 300
105/TCP	cso	CCSO Name Server Protocol
105/TCP	csnet-ns	Mailbox Name Nameserver
106/TCP	3com-tsmux	3COM-TSMUX
107/TCP	rtelnet	Remote Telnet Service
108/TCP	snagas	SNA Gateway Access Server
109/TCP	pop2	Post Office Protocol-Version 2
110/TCP	pop3	Post Office Protocol-Version 3
111/TCP	sunrpc	SUN Remote Procedure Call
112/TCP	mcidas	McIDAS Data Transmission Protocol
113/TCP	ident	Identification Server System
114/TCP	audionews	Audio News Multicast
115/TCP	sftp	Simple File Transfer Protocol
116/TCP	ansanotify	ANSA REX Notify
117/TCP	uucp-path	UUCP Path Service
118/TCP	sqlserv	SQL Services
119/TCP	nntp	Network News Transfer Protocol
120/TCP	cfdptkt	CFDPTKT
121/TCP	erpc	EnCore Expedited Remote Pro.Call

端 口 号	服 务	描 述
122/TCP	smakynet	SMAKYNET
123/TCP	ntp	Network Time Protocol
124/TCP	ansatrader	ANSA REX Trader
125/TCP	locus-map	Locus PC-Interface Net Map Ser
126/TCP	unitary	Unisys Unitary Login
127/TCP	locus-con	Locus PC-Interface Conn Server
128/TCP	gss-xlicen	GSS X License Verification
129/TCP	pwdgen	Password Generator Protocol
130/TCP	cisco-fna	Cisco FNATIVE
131/TCP	cisco-tna	Cisco TNATIVE
132/TCP	cisco-sys	Cisco SYSMAINT
133/TCP	statsrv	Statistics Service
134/TCP	ingres-net	INGRES-NET Service
135/TCP	epmap	DCE Endpoint Resolution
136/TCP	profile	PROFILE Naming System
137/TCP	netbios-ns	NETBIOS Name Service
138/TCP	netbios-dgm	NETBIOS Datagram Service
139/TCP	netbios-ssn	NETBIOS Session Service
161/TCP	snmp	SNMP
162/TCP	snmptrap	SNMPTRAP
1718/TCP	h323gatedisc	h323gatedisc
1719/TCP	h323gatestat	h323gatestat
1720/TCP	h323hostcall	h323hostcall
3306/TCP	mysql	MySQL

附录 C 习题参考答案

第 1 章

一、简答题

1. Linux 中应用较广的是 Red Hat Linux。另外还有 Turbo Linux、IBM Linux、红旗 Linux 等。

Linux 是自由软件，属于 UNIX 类的操作系统，在网络服务器方面很有竞争力。其特点有：多任务、多用户、有完善的内存保护、虚拟内存管理、内存磁盘交换、虚拟控制台、支持的硬件多、强大的网络功能等。

2. 宿主机是支持虚拟机运行的主操作系统，一般是 Windows，也可以是 Linux，取决于 VMware 的版本。宿主机要求有较高的速度和容量。

虚拟机是运行在宿主机上的操作系统，以文件的形式存储在主操作系统上，复制和删除很方便，是进行教学和实验的良好方式。

虚拟机的内存取自于宿主机的内存，首先要保证虚拟机的内存要求，一般取宿主机内存的一半。

3. 双击虚拟中的光盘，选中 Use ISO image，双击"浏览"按钮，找到要安装的光盘映像文件，单击"打开"按钮。

4. 使用 startx 命令。

5. 修改 /etc/inittab 文件，将 id:5:initdefault 改为 id:3:initdefault。

6. 进入单用户模式，输入 passwd 命令，提示 new password 后输入口令即可。

二、操作题

1. 操作指导：可分三步，即建立虚拟机，设置虚拟光驱，从光驱引导安装盘进入安装。

2. 操作指导：按要求修改以下两个文件。

```
vi /etc/sysconfig/network
vi /etc/sysconfig/network-scripts/ifcfg-eth0
```

第 2 章

一、简答题

1. cat st >> rc.local

2. ls > myfile

3. bin、sbin、etc、lib、dev、tmp、boot、mnt、home、root、proc、var、usr。

4. ls --help 或 man ls

5. mount /dev/cdrom /mnt/cdrom

6. 在 Windows 中将 C:\li 目录共享，建立 root 用户并授权。

```
smbmount //zk/li /mnt/li
```

7. find / -name smb.conf

二、操作题

1. 操作指导：

```
mkdir /mnt/mydir
useradd u8
passwd u8
chown u8 /mnt/mydir
```

2. 操作指导：

```
service smb start
ps -ax|grep smb
kill smb-pid
netstat -ant
```

第 3 章

一、简答题

1.

```
echo $PATH
PATH=$PATH:/mnt/li
```

2. 在 vi 的命令状态下，在指定行按 nyy（n 是要复制的行数）。
在要求复制的地方按 p 键进行粘贴。

3.

```
$0=mycmd
$1=a
$2=b
$3=c
$*=a b c
```

4.

```
x=2
x=$(($x+1))
echo $x1
```

5. Awk 语言的特点是对文件操作方便，能逐行操作，包括查找、文本处理和报表生成等，是一种很独特的语言。

6. FS 是字段分隔符，默认是一个空格。

OFS 是输出的段间分隔符，默认是一个空格。

RS 是记录分隔符，默认是回车符 \n。

ORS 是输出的记录分隔符，默认是回车符 \n。

NF 是一行所分隔字段的数量。

NR 是前记录号（首行是 1）。

二、操作题

1. 操作指导如下。

建立文件操作如下：

```
vi lx
```

编辑文件内容如下：

```
#!/bin/bash
if [ $1 = 'v' ]; then
echo "yes"
else
echo "no"
fi
```

授权操作如下：

```
chmod 777 lx
```

执行操作如下：

```
./lx v
```

输出显示如下：

```
yes
```

2. 操作指导如下。

设 txt 内容如下：

```
name:age:job
u1:22:worker
u2:25:teacher
u3:26:doctor
```

建立 wk 文件内容如下：

```
awk 'BEGIN {FS=":"}
{if ($2=="25") {print $1"" $3}}
END {print "" }' txt
```

授予执行权：

```
chmod 755 wk
```

执行：

```
./wk
```

输出显示：

```
u2 teacher
```

第 4 章

一、简答题

1. Telnet 是传统的过程登录方式，明码传送，通用性强，但安全性差，使用的端口是 23。

ssh 是为 Linux 新设计的登录方式，密码传送，安全性好，在 Windows 使用时一般需要专门的软件支持，使用的端口是 22。

2. smb.conf 是配置文件，位于 /etc/samba/ 目录中。SMB 服务的作用是让 Windows 的网上邻居能够看到 Linux 共享的目录，但要求是 SMB 用户。

3. 通过 smbmount 建立目录映射。例如：

```
mkdir /mnt/li
cd /mnt
smbmount //servername/linux li
```

或用 smbclient 建立连接。例如：

```
smbclient //servername/linux
```

4. httpd.conf 是 Apache 的配置文件，存放的目录与安装方式有关。

一般单独安装的位于 /usr/local/apache/conf 目录下。

集成安装的在 /etc/httpd/conf 目录下。

可以通过 find / -name httpd.conf 命令查找。

启动 Apahce：

```
/usr/local/apache/bin/apachectl start
```

或

```
service httpd start
```

停止 Apahce：

```
/usr/local/apache/bin/apachectl stop
```

或

```
service httpd stop
```

5. 有以下三个步骤。

（1）在 /etc/httpd/conf/httpd.conf 文件中设置访问控制的目录。

（2）用 htpasswd 命令设置口令文件 .htpasswd 放到指定的目录下。

（3）将 .htaccess 文件放到要访问控制的目录下。其中指定了读取的 .htpasswd 位置。

6. 正向解析文件的作用是将域名翻译成 IP 地址。反向解析文件的作用是将 IP 地址解析成域名。

启动 DNS 的命令：

```
service named start
```

验证 DNS 的命令：

```
host <域名>
```

或

```
nslookup  <域名>
```

要指定系统使用哪个 DNS，需设置文件 /etc/resolv.conf。

二、操作题

1. 操作指导如下。

（1）将用户的三个主页复制到 /home/www 目录下。

（2）设置 DNS 服务并验证其正确性。

（3）配置 httpd.conf 文件的虚拟主机如下：

```
NameVirtualHost 10.65.1.25
<VirtualHost 10.65.1.25>
    DocumentRoot /home/www/html
    ServerName html.dky.net
</VirtualHost>
<VirtualHost 10.65.1.25>
    DocumentRoot /home/www/mysql
    ServerName mysql.dky.net
</VirtualHost>
<VirtualHost 10.65.4.25>
    DocumentRoot /home/www/delphi
    ServerName delphi.dky.net
</VirtualHost>
```

2. 操作指导如下。

这个工作使用 ProFTPD 和 VSFTP 都可以实现，使用后者更方便。

（1）使用 ProFTPD。需要单独安装。编辑配置文件 vi /usr/local/proftpd/etc/proftpd.conf。

① 设置系统用户可以通过 FTP 登录自己的家目录。

② 设置匿名只读登录 /home/ftp 目录，在匿名登录中设置：

```
<Limit WRITE>
    DenyAll
</Limit>
```

③ 设置 ftpadmin 用户的家目录为 /home/ftp，属组是 root，并对 /home/ftp 有全权。

```
useradd ftpadmin -d /home/ftp -g root
passwd ftpadmin
password:
chmod 775 /home/ftp
```

（2）使用 VSFTP。操作指导如下。

使用系统集成。编辑配置文件 vi /etc/vsftpd/vsftpd.conf。

① 设置。

```
anonymous_enable=YES
local_enable=YES
#anon_upload_enable=YES          #  是否允许匿名上传文件
#anon_mkdir_write_enable=YES     #  是否允许匿名用户创建目录
```

② 设置 vsadmin 用户的家目录为 /var/ftp，属组是 root，并对 /var/ftp 目录有全权。

```
useradd vsadmin -d /var/ftp -g root
passwd vsadmin
password:
chmod 775 /var/ftp
```

第 5 章

一、简答题

1. 常见的数据类型有数值型、字符串型、日期和时间型、布尔型等。

2. 常见的字符串类型变量如下。

字符型：Char(n)。

变长字符型：varchar(n)。

短文本型：tinytext。

文本型：text。

中长文本型：mediumtext。

长文本型：longtext。

枚举型：Enum('v1', 'v2', ...)。

集合型：Set('v1', 'v2', ...)。

3. 在创建表时在主键的字段上加上 auto_increment 属性，或在表创建以后修改：

```
mysql>alter table `student`.`base` ,change `ID` `ID` int (11)    NOT NULL
auto_increment
```

4. describe classa;

5. 每个表必须有一个主键，而且只能有一个。主键的数据具有唯一性。自动增量属性要求加在主键上。

6. 有 14 项权限，增加用户权限的命令是 grant，删除用户权限的命令是 revoke。

二、操作题

1. 操作指导：

```
use students;
CREATE TABLE classa (
  id int(4) auto_increment,
  name char(30) NOT NULL,
  sex char(2),
  age char(3) default 18,
  mail varchar(20) default NULL,
  address varchar(50) default NULL,
  PRIMARY KEY (id)
);
INSERT INTO classa VALUES ('1','张一','男','18','','广西');
INSERT INTO classa VALUES ('2','张二','男','20','','房山');
INSERT INTO classa VALUES ('3','宋一','女','19','','密云');
```

2. 操作指导如下。

插入一条记录：

```
INSERT INTO classa VALUES ('8','卢一','男','21','','北京');
```

修改一条记录：

```
mysql>update classa set age=age+1 where address='广西';
```

删除一条记录：

```
mysql>delete from classa where name='张二';
```

显示所有男生的记录：

```
mysql>select * from classa where sex='男';
```

第 6 章

简答题

1. 因为按下"提交"按钮后变量才有值，而第一次打开页面时变量为空，所以 $begin='yes' 可以确认按下了"提交"按钮。

2. JavaScript 特点：一种解释编写和基于对象的语言，程序在客户端运行，具有较好的安全性、动态性和跨平台性。

例如，可以和 PHP 交换变量，动态地显示当前时间，程序控制提交，在指定帧中显示指定的内容等。

3. 使用 PHP 变量时不用定义类型，可以直接用，其数据类型可以自动变换。在对变量赋值和读取变量时，变量前要加 "$"。

4.

```
#!/usr/bin/php -q
<?
$a=123456;
$b=substr($a,2,4);
echo $b."\n\r";
?>
```

5.

```
#!/usr/bin/php -q
<?
$a="I am a teacher. He is a student.";
$c=strpos($a,'student');
$b=substr($a,$c,7);
echo $b."\n\r";
?>
```

6.

```
$a="I am a teacher. He is a student.";
if ereg('student',$a)
{echo "yes\n\r"};
else
{echo "no\n\r"};
```

【注意】 输出命令 echo 中要用双引号，单引号不支持转义符回车换行 "\n\r"。

第 7 章

一、简答题

1. smtp 服务是邮件发送服务，使用 25 端口；pop3 服务是邮件接收服务，使用 110 端口。

2. mail 虚拟用户是在 vpopmail 程序的管理下，用 vadduser 命令建立的，每个要使用 mail 的用户都要建立一个用户。不使用系统用户。

3. 代理服务是让其他机器通过代理服务器进行访问，squid 代理服务支持 HTTP、FTP、Gophert 等协议，常用于内部私有 IP 用户的上网，还有很多管理功能。

4. 透明代理是用户只要将网关指向代理服务器就可以了，客户机不用关心是否代理运行。否则，使用对于非透明代理时，客户端要安装代理服务的客户端软件或设置 IE 的代理应用。

5. DHCP 服务器是 IP 地址动态分配服务器，网络中计算机的 IP 地址可以设置成固定的或自动获取，如果设置为自动获取，网络中必须有一个 DHCP 服务器负责分配 IP 地址。

要想跨越网段获得 IP 地址，要设置 DHCP 中继服务。

6. 系统用户方式：/var/qmail/bin/maildirmake Maildir，本用户要对 Maildir 有全权。

虚拟用户方式：用 vadduser <ux><password> 建立虚拟用户的同时建立 Maildir 信箱目录。

二、操作题

1. 操作指导如下。

先确定用户方式，再安装。步骤如下。

（1）建立 Qmail 系统内部管理用户组 nofiles，包含用户 qmaild、qmailp、qmaill；再建立 Qmail 组，包括用户 qmailq、qmailr、qmails。

（2）解压安装 qmail-1.03.tar.gz。

（3）在 /var/qmail/alias 目录下建立三个隐含空文件，分别为 .qmail-postmaster、.qmail-mailer-daemon、.qmail-root。

（4）解压安装口令验证程序 checkpassword 或 vpopmail。

（5）解压安装 mail 收发服务器 ucspi-tcp-0.88.tar.gz。

（6）建立用户信箱 Maildir。

（7）启动 Qmail 服务。

2. 操作指导：解压并安装 dhcp-2.0pl5.tar.gz，修改配置文件 dhcpd.conf，设置地址池等参数。

第 8 章

一、简答题

1. 客户端首先发起连接，发送 SYN 同步包，服务器端接收后回送 SYN+ACK 包，客户端收到后，再返回 ACK 应答包。至此三次握手完成。

2. TCP 的连接状态有 NEW、ESTABLISHED、RELATED、INVALID。

3. iptabeles 中有三个表，分别为 filter、nat、mangle，默认是 filter 表，若要使用其他的表，要用 -t 来指明。

filter 是过滤表，有三个链，即 INPUT、OUTPUT、FORWARD。

nat 是地址转换表，有 PREROUTING 和 POSTROUTING 两条规则链。

mangle 是传输特性表，有 TOS、TTL、MARKT 操作链。

4. 规则就是决定如何处理一个数据包的语句，链由规则组成，根据需要可以在指定的链中加入规则。它由条件和操作组成，如 DROP、ACCEPT、LOG、REJECT 和 RETURN。

5. 现代的防火墙一般有三个接口，分别为 inside、outside 和 dmz。分别接内部网络、外部网和中间区域，中间区域 dmz 中一般放置外网可以访问的服务器。设置 dmz 的思想是防止外网对内网的访问，增加了安全性。

6. SNAT 是对 IP 数据包的源地址进行转换；DNAT 是对 IP 数据包的目的地址进行转换。

二、操作题

1. 操作指导：

```
iptables -A INPUT -p icmp --icmp-type echo-request -j DROP
```

2. 操作指导：

```
iptables -A INPUT -p tcp --dport 80 -j DROP
```